검은 물잠자리는 사랑을 그린다

생태시와
생태화로
만나는
곤충의 사생활

「이 도서의 국립중앙도서관 출판예정도서목록(CIP)은 서지정보유통지원시스템 홈페이지(http://seoji.nl.go.kr)와 국가자료공동목록시스템(http://www.nl.go.kr/kolisnet)에서 이용하실 수 있습니다.(CIP제어번호: 2018024030)」

검은물잠자리는 사랑을 그린다

ⓒ 송국·장신희, 2018

초판 1쇄	2018년 8월 23일	
2쇄	2018년 9월 28일	

지 은 이	송국·장신희
펴 낸 이	이정원
편집책임	선우미정
편 집	이동하
디 자 인	김정호
마 케 팅	나다연·이광호
경영지원	김은주·장경선
제 작	구법모
관 리	엄철용

등록일자	1987년 12월 12일
등록번호	10-156
주 소	경기도 파주시 회동길 198번지
전 화	편집부 031-955-7385 마케팅 031-955-7378
팩시밀리	031-955-7393
홈페이지	www.ddd21.co.kr
페이스북	www.facebook.com/bluefield198
I S B N	979-11-5925-357-7 (03470)

값은 뒤표지에 있습니다. 파본은 구입하신 곳에서 바꿔드립니다.

푸른들녘은 도서출판 들녘의 청년 브랜드입니다.

송국 쓰고, 장신희 그리다

검은
물잠자리는
사랑을
그린다

생태시와
생태화로
만나는
곤충의 사생활

푸른들녘

지구상에 살고 있는 동물 종의 3/4인 100만여 종이 곤충이다. 이들
은 인간사와 매우 밀접한 관계를 맺고 있는데도 대부분의 사람들
은 곤충을 징그럽게 생각하고 잡아서 죽여야 할 '벌레'로 인식한다.
이에 대한 나의 안타까움은 "곤충에 대한 재미난 시를 쓰고 그림
을 그려서 그들의 삶을 보여주면 어떨까? 그러면 사람들이 보다 잘
이해하게 되고, 더 가까워지지 않을까? 섣불리 벌레라고 부르며 혐
오하는 일도 줄어들지 않을까, 내가 그들과 친해졌던 것처럼!" 하는
희망을 향해 날아올랐다.

어린 시절, 여름날 이른 새벽. 어둠이 채 걷히기 전 나는 살그머니
일어나 뒷동산에 올라가곤 했다. 그곳에는 커다란 상수리나무가 있
었는데 생채기가 난 곳을 보면 어김없이 사슴벌레가 나무진을 빨아
먹고 있었다. 막대기로 건들면 '툭' 하고 땅에 떨어져 죽은 척한다.
그러면 나는 그것을 집으로 가져와 어머니 몰래 바구니로 덮어놓고
놀다 왔다. 어머니는 "아니, 저놈은 커서 뭐가 되려고 만날 버러지만
가지고 논다냐?" 하시며 혀를 끌끌 차곤 하셨다.

나에겐 곤충들이 신비로움 그 자체였다. 숲에서 찾아낸 넓적사슴
벌레나 톱사슴벌레의 경이로운 모습이라니! 요즘 청년들이 사 모으

는 피규어와 비할 바 없었다. 이후 나는 대학에서 생물학을 전공했고, 생물교사가 되어 곤충반 학생들과 들로 산으로 곤충여행을 함께하며 연구자의 길을 걸었다. 시간이 흘러, 어머니께 타박을 받던 소년은 이제 흰머리가 더 많은 곤충박사가 되었다. 그리고 어릴 적 곤충과 놀았던 추억을 실타래 풀어놓듯 꺼내기로 마음먹었다.

하지만 곤충의 세계는 너무 방대하고, 그 수 또한 엄청나기에 모든 곤충의 이야기를 다룰 수는 없었다. 따라서 그중에 각 목별로 대표적인 종들을 골라 그들의 신비스러운 삶과 생태를 진화론적인 입장에서, 그리고 우리 인간 삶의 현장과 비교하면서 바라보고자 했다. 다른 책에서는 절대 찾아볼 수 없는 생태시와 그림, 그리고 내가 보물처럼 소장하고 있는 다양한 표본 사진을 곁들여서 말이다.

최근 지구 온난화에 따른 생태계의 지각변동을 우려하는 목소리가 커지고 있다. 건강한 생태계의 지표인 곤충의 생리적 변화가 인간뿐 아니라 범지구적인 생태계 자체에 심각한 영향을 미칠 터임을 인식한 탓이다. 곤충은 우리와 더불어 살아가야 할 소중한 생명체이다. 이들의 삶은 과연 어떨까? 곤충에 빠져 일평생 수집하고 생태를 연구해온 필자와 함께 이들의 사생활을 들여다보자.

이 자리를 빌려 곤충들의 생태 그림을 성심껏 그려준 사랑하는 아내 장신희에게 고마움을 전한다.

2018년 8월, 담양 호남기후변화체험관에서

송국

길앞잡이는 왜 길을 안내하나

생태시와 생태화로 읽는
곤충의 사생활

이 책의 주인공은 '길앞잡이', '꼬마물방개', '검은물잠자리', '왕사마귀', '모시나비', '참매미', '쌍꼬리부전나비', '흰줄숲모기'이다. 이들 각각의 곤충이 가지고 있는 생존을 위한 아름다운 진화 이야기와 활약상이 이 책의 주된 내용이다. 특이한 점은 사람들이 질겁하는 모기 이야기를 과감하게 집어넣었다는 것이다. 체외 기생충인 모기에게도 나름대로의 스토리와 애환이 있는 바, 관심과 연민을 불러오면 어떨까 싶었던 탓이다.

곤충들은 살아남기 위하여 3억 5천만 년의 기나긴 세월 동안 처절하게 진화의 과정을 거쳤다. 이들은 먹이생태계에서 대부분 1차 소비자로 커다란 위치를 차지하고 있다. 해충이라기보다는 중요한 생물자원으로서 지구상에서 한 축을 담당하고 있는 것이다. 그러나 이들에 대한 우리 인간의 이해는 일천하다. 세상에 내놓는 나의 글이 곤충에 대한 일반인의 관심을 조금이나마 끌어올리는 데 도움이 되었으면 좋겠다. 이 책의 특징 몇 가지를 소개하고 싶다.

우선 책을 편집할 때 곤충별로 다음과 같은 구성을 따랐다;

첫째, 하나의 곤충 종에 대한 그림을 그리고 생태시를 썼다.

둘째, 그 곤충의 생태와 생활사를 인간사와 접목하여 글을 쓰고 삽화를 그리고 사진을 첨부하였다.

셋째, 곤충의 이해를 돕기 위하여 학명, 분류, 크기, 분포, 생태를 간략하게 서술했다.

각 꼭지마다 가장 먼저 등장하는 것은 생태화다. 그림의 특징은 다음과 같다;

첫째, 직접 채집한 곤충과 표본, 사진을 토대로 그렸으며,

둘째, 곤충 그림은 머리, 가슴, 배의 각 부위의 특징을 최대한 묘사하되 작품성을 고려하였고,

셋째, 가급적 곤충의 생태와 인간사를 접목하여 작품화했다.

그다음 생태시의 특징은 다음과 같다;

첫째, 중복된 낱말 사용을 자제하고,

둘째, 고향 담양의 어린 시절 풍경과 정서를 담기 위해 놀이와 고향 말, 지명 등을 인용하였으며,

셋째, 시에서는 가능한 한 주해를 달지 않는 것이 상례이나 독자에게 곤충시라는 새로운 장르에 대한 이해를 돕기 위하여 주해를 달았으며,

넷째, 고운 우리말을 만들어 제공하는 것도 시 쓰는 이의 사명이라 생각되어 새로운 시어(신조어)를 만들어 썼다.

첫애가 갓난아기일 때였다. 아내와 버스를 타고 인천에서 강화도로 가는 길목에 내렸다. 공동묘지에 들어가 양산을 펼치고 작은 그늘 아래 아기를 뉘었다. 곤충을 채집하기 위해서다. 공동묘지 주변은 다양한 야생화가 피어 있어 곤충 종이 많고 채집하기가 좋았으니까! 지금 생각하면 어이없는 행동이다. 그 뿐인가? 나비만 보고 쫓아가다 길가에 인분차가 가득 부어놓은 인분에 빠져 버스 안에서 냄새를 피운 일(그때는 농사를 위하여 도시 근교의 길가 논두렁에 인분을 부어놓았는데 환삼덩굴 같은 풀이 인분 무더기 위로 기어가 우거지면 논두렁과 구분하기 힘들었다)도 있다. 그 신발을 빨아주던 아내가 그야말로 말로만 듣던 똥독에 올라 몇날 며칠 피부과에 다니며 고생한 일도 잊을 수 없다. 채집에 미쳐서 주말만 되면 아내가 운영하던 학원 봉고차를 빼내어 나비 찾아 떠나갔던 일… 그 모든 일들이 주마등처럼 지나간다.

그간 쌓아두었던 곤충들의 신비로운 이야기와 더불어 각 곤충의 개성을 담은 생태시와 생태화를 함께 선보이는 지금, 감개무량하다. 내가 곤충의 생태를 연구한 게 아니라, 어쩌면, 그들이 나의 인생에서 또 다른 동반자가 되어 내 길을 안내하고 내 삶을 연구해준 것인지도 모른다.

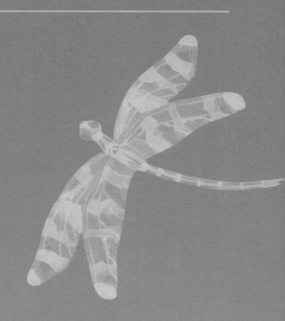

길앞잡이는
왜 길을 안내하나

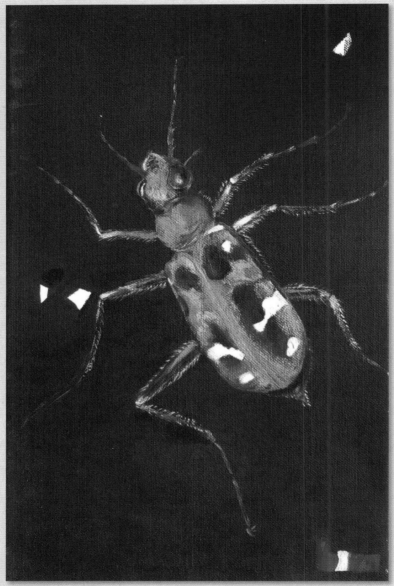

길앞잡이, 캔버스에 오일

길앞잡이

영천[*] 산자락 외로운 산행_{山行}
천만 겁 인연 속에 동행이던가

걷다가 넘어져 무릎 깨는 길
가다가 힘들면 떠나면 되지

저도 갈 길 바쁠진대 어인 미련에
서너 발짝 앞에서 기다리는가

길바람^{**} 흙먼지 둘러쓴 뒷모습이
돼지밭 호미질 하는 엄니 같은 미물_{微物}

오던 길 되짚어 돌아본 사이
홀연히 사라져버린 조그만 자태

이제야 이사람 앞 길 서려 하는데
살며시 가버린 무정_{無情}한 사랑

아쉬움에 눈 비비며 찾아봐도
보이는 건 굽이 산길 아련한 산정_{山頂}

---

[*] 필자 고향의 앞산
^{**} 길가 풀밭과 흙먼지 길의 태양 복사열 온도 차이에 의한 기압변화로 길에서 일어나는 흙먼지 날리
는 바람. 필자의 시어이다.

길을 안내하는 반려 곤충

길앞잡이는 산길 위에 앉아 있다가 사람이 지나가면 '포르릉~' 날아
5~6m 앞의 길 위에 앉아 주변을 경계한다. 또다시 가까이 가면 저만치 앞서 날아가
다시 앉아 기다리는 것 같은 행동을 반복한다. 이렇듯 앞에서 길 안내를 하는 것처럼 보이는 탓에
'길앞잡이'란 이름이 붙었다.

옷깃만 스쳐도 인연인데

작은 능선을 휘감아 자갈길을 걸어가니 웬 녀석이 앞에서 날아가다
앉고 또 날아가다 저만치 뒤돌아 앉아 빤히 쳐다보며 기다리고 있
다. 혼자 가는 산행이기에 말벗이라도 한 명쯤 있었으면 했는데 산
길에서 뜻하지 않은 길손과 동행하니 반갑기도 하고 정겹다. 옷깃만
스쳐도 인연이라는데, 비록 미물이지만 전생에 몇 겹의 *끄나풀*이 있
어 이렇게 내 앞에서 길을 안내하나 싶다. 참으로 미쁘고 기특하다.
자태를 보니 오색영롱한 아름답고 조그마한 곤충, 분명 '길앞잡이
Cicindela chinensis'다.

　마치 더위에 지친 나를 기다리기나 한 것처럼, 지천에 널린 나무

그늘에 앉기는커녕 꼭 길 위 뙤약볕에 앉아서 기다린다. 한참을 따라가다 갑자기 보이지 않아 주변을 찾아보지만 길동무가 보이지 않는다. 아마도 길 안내를 마치고 다시 처음의 자신이 살고 있는 곳으로 날아갔을 것이다. 힘든 나그네 길에 벗이 되어주니 그 마음 또한 얼마나 고운가. 마치 내 인생길에 앞에서 이끌어주시고 동행해주셨던 어머니 같은 곤충이다.

곤충을 채집하려고 산길을 걷다 보면 울창한 잡목림 속에 길이 있다는 것이 얼마나 고마운 일인지 깨닫게 된다. 가끔, 이 길은 누가 만들었으며 어떤 생물이 다니는지 갸우뚱할 때가 있다. 산토끼, 고라니, 멧돼지 등 산짐승이 먹이를 찾아 자주 다니며 만들어진 길일 수도 있다. 폭우나 눈사태, 태풍 등 자연현상 때문에 길이 저절로 만들어지기도 한다. 옛날 할머니는 아예 산신령이 길을 만들었다고 이야기하셨다. 산길은 이토록 여러 가지 원인에 의하여 만들어졌을 것이다. 산짐승이 살금살금 숨어 다니던 은밀한 길이었을 수도 있다. 나무를 베어 5일 장날에 내다 파는 나무꾼이나, 바닷가에서 채취한 해산물과 내륙의 농산물, 임산물의 물물교환을 위하여 보부상들이 다니면서 길이 생겼을 수도 있다.

달랑 포충망 하나 들고 빈 몸으로 오르는데도 힘이 들어 땀이 줄줄 흐르는 산길이다. 하물며 무거운 짐을 이고 지고 이 길을 갔을 테니 오죽 고단하고 외로웠겠는가? 예전 보부상이나 나무꾼들이 진 짐은 족히 100근이 넘었다. 100근이면 성인 한 사람의 무게다. 짐과 함께 산길을 걸어 여러 개의 고개를 넘다 보면 힘들고 지쳤을 것이다. 그때 예쁜 색동옷을 입은 곤충이 길목에서 기다리는 것을 발견했다고 상상해보라. 여정의 고단함과 외로움이 절로 녹지 않았을까? 앞에서 길을 안내하는 녀석에게 '길앞잡이'라는 이름을 붙여주고 길동무 삼아 함께 길에 올랐던 마음이다.

길 안내는 동구 밖까지 할게요

길앞잡이는 날아간 뒤 앉을 때 꼭 사람 쪽을 보고 앉아 경계를 한다. 움직이는 물체 쪽을 보고 앉아야 그 물체에 빠르게 반응할 수 있기 때문인데, 산길 위에서 앉았다 날아가기를 대략 대여섯 차례 반복하며 길을 안내하고는 다시 제자리로 돌아간다.

어머니는 자식을 떠나보낼 때 절대 집 안에서 보내지 않는다. 꼭 동구 밖까지 동행한다. 자식이 길을 몰라서가 아니다. 그냥 집에 들어가시라고 해도 "아니다. 난 그냥 바람 좀 쐬려고 그런다" 하시면서 한사코 앞장선다. 동네 어귀에 도착하면 "어여 가라, 어여 가" 손짓하다가 자식이 아스라이 멀리 모퉁이 길을 돌아서면 그제야 아쉬움에 눈물지으며 돌아선다. 길앞잡이도 어머니 같은 마음으로 돌아갔을까?

모든 동물에겐 자신이 살아가는 서식처가 있다. 조상들이 그랬던 것처럼 나름대로 터를 잡고 살아간다. 터는 곧 생명 탄생의 기반이다. 삶의 출발점이자 안식처이다. 또한 생명 소멸의 장소이기도 하다. 삶의 종착역인 반면 또 다른 후손이 살아갈 터전이다. 자손 대대로 누대를 이어주는 생명의 텃밭이다.

길앞잡이 역시 자기가 살아가는 환경을 벗어나 멀리 가게 되면 먹이 경쟁에서 밀리게 된다. 다른 동네 녀석들이 그네들 집 앞을 지나갈 때마다 나타나 집단으로 괴롭힌다. 더욱이 멀리 있는 생소한 마을에 가게 되면 자신이 잘 알고 있는 주변 환경이 아니라 갑자기 나타나는 무서운 천적에 대응하기 버겁다. 취약점이 그대로 노출되어 자칫 목숨을 잃을 수도 있다.

"개도 자기 집 앞에서는 반은 먹고 들어간다"는 속담이 있다. 평소에 만날 싸웠다 하면 꼼짝을 못하던 개도 자기 집주인이나 집 앞에서는 목에 힘을 주고 으르렁댄다. 든든한 백이 있기 때문이다. 가장 큰 배경은 '집 앞을 자주 들락거려 자기 집 주변 상황을 잘 알고 있다'는 것이다. 주변 담장의 높이, 돌부리 위치와 모양, 집 마당과의 거리 등 지형지물을 유효적절하게 이용해야 잘 싸울 수 있다. 싸움에 밀리게 되어 큰소리로 '깨갱'거리면 집주인이 한 몫 거들 터임을 염두에 두고 포석을 깐다.

길앞잡이는 집에서 멀어져 서식 공간을 벗어날 상황이 되면 길옆 숲으로 날거나 공중으로 높이 날아 자신이 살던 곳으로 되돌아간다. 이런 습성은 수천만 년 동안 살아남기 위해 주변의 환경 변화에 적응하며 진화해온 덕에 생긴 것이다. 물론 길앞잡이 입장에서는 사람이 지나가면 매번 놀라서 도망갔다가 다시 집을 찾아 돌아오는 행동이지만 사람이 볼 때에는 녀석이 앞장서서 날아갔다 앉아 기다리는 것처럼 보인다. 그래서 이름도 '길앞잡이'다.

곤충에게나 사람에게나 고향을 떠나 타향에 발붙이고 살아가는 일은 여간 어렵고 고단한 게 아니다. 때가 되면 고향을 찾아 대이동을 감행하는 배경이다. 길앞잡이도, 사람도, 연어도, 두꺼비도, 기러기도, 코끼리도, 제왕나비Monarch butterfly도 생의 막바지에서는 수구초심首丘初心으로 태 자리를 찾아간다. 모든 생물의 귀소본능이다. 하지만 고향을 다시 찾아간다는 것은 힘들고 험난한 여정이다. 다 알면서도 아련한 추억이 서린 그리움을 찾아 길을 떠나는 것뿐이다.

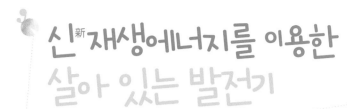

신新재생에너지를 이용한
살아 있는 발전기

길앞잡이는 변온동물이다. 체온이 따뜻해져야 에너지가 활성화되어
잘 날거나 기어 다닐 수 있는 메커니즘을 갖고 있다. 몸이 빨리 데워지기 위해서는
몸을 햇빛에 맡겨 일광욕을 해야 한다. 그러려면 태양의 직사광선을 받아 빨리 복사열로 전환되는
산길 위의 돌이나 자갈 위에 앉아 있어야 한다.

하필이면 왜 뜨거운 돌 위에 앉아 있을까?

곤충강崑蟲綱, Insecta은 척추동물문의 어강, 양서강, 파충강처럼 주변
온도가 변하면 자신의 체온이 주위 환경에 따라 변하는 변온동물
이다. 항온동물인 사람은 추운 겨울에도 항상 36.5℃의 체온을 유지
하고 운동도 하고 일을 하며 몸을 가꾸어 가는 온혈동물이다. 음식
물을 섭취하여 열량을 얻기 때문에 에너지효율이 낮다. 하지만 냉혈
동물인 길앞잡이는 먹이를 통한 영양분으로 체온을 올리는 것보다
는 태양의 직사광선이나 복사열을 직접 받아 생활하기 때문에 에너
지 효율은 좋다.

어떤 물질 1g의 온도를 1℃만큼 올리는 데 필요한 열량을 비열이라고 한다. 화강암 돌의 비열은 0.21이고 물은 1.00이다. 흙은 구성 성분에 따라 차이가 있지만 0.25 정도 될 것이다. 돌보다는 흙을, 흙보다는 물을 데우는 데 가스나 전기세가 더 드는 원리다. 똑같은 햇빛을 받아도 돌은 흙보다, 흙은 물보다 더 빨리 데워지고 빨리 식는다.

해수욕장에 가서 귓속에 물이 들어가면 여러 가지 방법으로 물을 빼려고 하지만 잘 안 된다. 제자리에서 뛰어도 보고 손바닥을 귀에 대고 탁탁 쳐보기도 하지만 쉽게 물이 빠져나오지 않는다. 이때 길앞잡이에게서 아이디어를 얻어보자. 주변에 잘 달궈진 돌을 주워 귀에 대고 있으면 귓속에 있는 물을 깔끔하게 말려준다.

길앞잡이가 뜨거운 돌 위에 앉아 있는 이유도 비슷한 맥락으로 이해 가능하다. 따뜻한 돌이나 자갈 위에 앉아 있어야 사냥하거나 천적이 지나갈 때 몸이 빨리 활성화되어 잘 날 수 있기 때문이다. 순식간에 후끈 달아올라야 경주마처럼 마력HP, PS이 센 폭발력 있는 생체엔진이 가동된다. 마치 부엌 조리대의 인덕션에 순식간에 열기가 퍼지는 것처럼. 인덕션과 전자레인지는 일반 전열기와 달리 전원을 끄면 잠열은 없지만 순식간에 끓어 요리를 빨리할 수 있다는 장점이 있다. 요즘 직장에 다니는 젊은 주부들이 이 기구들을 선호하는 배경이다. 길앞잡이 역시 같은 이유로 길 위의 따뜻하게 데워진 돌이나 자갈 위에 앉는 것을 좋아한다.

길 위에 앉아 있는 길앞잡이, 2010.6.13 울진 산어령길

기동성 있는 민첩한 행동을 하는 이유

그늘에 앉아 있다가 또다시 날아야 될 상황에서는 열에너지가 이미
식어버린 상태이므로 이를 운동에너지로 바꾸는 데 많은 시간이 필
요하다. 단거리에서 순발력을 발휘하려면 에너지의 전환이 빨라야
한다. 야외에서 삼겹살을 구워 먹을 때 날씨가 추우면 부탄가스가
남아 있어도 화력이 세지 않은 이유와 같다.

　길앞잡이는 상공에서 직접 내려 쪼이는 햇볕의 열에너지를 이용
한다. 동시에 돌이나 땅에 앉아 있으면서 땅에서 올라오는 복사열에
너지인 적외선을 온몸으로 받아들인다. 길앞잡이의 몸은 하부인 가
슴과 배의 아래쪽에 있는 목주름과 앞가슴배판, 가운데가슴배판,

뒷가슴배판, 뒷가슴측판과 여러 개의 배마디를 포함하여 몸이 많은 조각으로 나뉘어 있다. 왜 그럴까? 땅에서 올라오는 복사된 지열을 이용하는 것이 더 효율적이기 때문이다.

인간의 환경에 대입하자면, 요즘 신재생에너지로 인기가 있는 태양열에너지와 지열복사에너지를 함께 받아들여 사용하는 융합에너지로 활동하는 셈이다. 열효율이 높은 융합된 열에너지를 운동에너지로 전환하기 때문에 기동성 있는 민첩한 행동을 할 수 있다. 몽골의 전통요리인 '허르헉ХОРХОГ, horqhog'을 만들 때 양고기와 야채를 달궈진 돌의 열에너지를 이용하여 찌는 원리와 유사하다. 자동차도 열에너지를 운동에너지로 전환시켜 달리는 좋은 예다. 길앞잡이는 융합된 열에너지를 운동에너지로 빨리 전환시켜, 다른 딱정벌레보다 잘 날고 달릴 수 있게 진화했다.

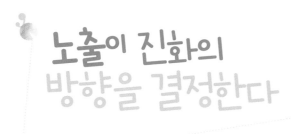

노출이 진화의 방향을 결정한다

곤충은 때로 자기 자신을 과감하게 드러내기도 하고 감추기도 한다.
먹이사냥을 할 때에는 어쩔 수 없이 자신을 드러낼 수밖에 없다.
진화과정에서 노출의 방향 설정은 곧 그 종의 멸종이냐 생존이냐를 가늠하는 중요한 갈림길이 된다.

길앞잡이과의 노출과 방향의 진화사

딱정벌레목Coleoptera은 약 2억 5천만 년 전 고생대 페름기Permian에 처음 출현했다. 그 후 약 1억 2천만 년 전 꽃식물이 등장한 백악기와 신생대에 급격히 분화하고 진화했다. 길앞잡이과 역시 그때부터 진화를 거듭했는데 크게 두 가지 방향으로 진화했다.

한 녀석들은 딱지날개에 다양한 무늬와 문양, 색상을 조합하여 상대편 시야를 흘려 혼돈 속에 빠뜨리고 대담하게 자신을 드러낸다. 길이나 강변, 뜰 등의 확 트인 넓은 평지에서도 잡아먹힐 천적이나 잡아먹을 먹잇감에게 자기 몸을 노출하곤 한다. 여기엔 다 믿는 구석이 있다. 얼룩무늬로 위장하고 땅에 바짝 엎드리면 몸을 숨길 수 있기 때문이다. 이 종들은 이름 앞에 서식 장소를 명기하여 강변길앞잡이, 뜰길앞잡이, 산길앞잡이 등으로 부른다.

또 다른 부류는 좀길앞잡이나 쇠길앞잡이, 꼬마길앞잡이 등으로 불리는 녀석들이다. 이들은 몸을 최대한 작게 진화하여 다른 생물의 눈에 잘 띄지 않도록 진화해왔다. 생물 종들 중에 꼬마-, 좀-, 쇠-, 애기-, 애- 등이 붙으면 그 과에서는 작은 종을 의미한다.[*]

이 중에 우리의 주인공인 길앞잡이는 딱지날개의 색깔이 화려하면서도 단연 의태의 정점을 찍는 생명체다. 주변 자연물을 이용한 변장의 마술사로 불려도 가히 손색이 없을 정도이다. 화강암 위에 앉아 있으면 작은 점무늬가 석영과 장석, 흑운모와 일체가 된다. 또 변성암 위에 엎드려 있으면 딱지날개의 사선 무늬가 기다란 편리 구조와 합체가 된다. 퇴적암 위에서는 딱지 날개의 굵은 점무늬가 역암이나 사암에 박혀 있는 자갈이나 모래처럼 보인다. 백사장의 자갈이나 모래 위에 웅크리고 있으면 자연물에 섞여 딱 보기에도 암석의 일부 같다. 그야말로 위장과 의태의 명수인 셈이다. 이들을 보고 있노라면 주변 지형지물과 몸을 일체화하는 SF영화 속 인물들이 떠오르곤 한다.

---

[*] 예를 들면 꼬마사슴벌레, 꼬마물떼새, 꼬마물방개, 좀남가뢰, 좀마삭줄, 좀남색잎벌레, 쇠백로, 쇠측범잠자리, 애기세줄나비, 애기우단하늘소, 애기뿔쇠똥구리, 애물땡땡이, 애사슴벌레, 애줄풍뎅이 등이 같은 과에서도 비교적 작은 편이다.

길앞잡이 날개는 위장복 연구의 모티브가 될 수 있다

길앞잡이과의 딱지날개를 관찰 탐구하면 우리나라 군복을 업그레이드할 수 있다. 딱지날개가 전투 시기와 장소에 알맞은 위장복 연구의 모티브가 될 수 있기 때문이다. 날개 색과 문양을 연구하면 타의 추종을 불허하는 군용 복식계의 유명한 디자이너가 될 것이다.

인기리에 종영된 드라마 〈태양의 후예〉에는 여러 벌의 전투복이 나왔다. 그중 남자 주인공인 특전사 중대장이 자주 입었던 군복으로 약간 옅고 밝은 색 계열의 위장복이 있다. 사막이나 낙엽이 진 늦가을, 초겨울에 시야가 확 트인 곳에서 입는 전투복으로 안성맞춤이다. 길앞잡이들과 대비하여 강변길앞잡이*Cicindela laetea*나 아이누길앞잡이*Cicindela gemmata*, 참길앞잡이*Cicindela transbaicalica*, 닻무늬길앞잡이*Cicindela anchoralis punctatissima* 등의 딱지날개 무늬와 색깔을 응용해보면 도움이 될 것이다.

약간 어두운색 계열의 군복도 있다. 산속이나 계곡, 봄부터 초가을의 산야에서 입으면 바람직한 위장복이다. 산길앞잡이*Cicindela sachalinensis*, 뜰길앞잡이*Cicindela transbaicalica jaanensis*, 좀길앞잡이*Cicindela japana*, 꼬마길앞잡이*Cicindela elisae*, 쇠길앞잡이*Cicindela specularis* 등은 딱지날개의 무늬와 보호색이 비슷하므로 이를 참고하여 위장복을 연구 개발하는 것도 좋을 것이다.

해병대 위장복의 무늬는 열대지방에 서식하는 활엽상록의 넓은 잎을 본뜬 것이다. 베트남전쟁에 파견된 청룡부대가 짜빈동*Tra Binh Dong* 전투 등에서 '신화를 남긴 해병'의 칭호를 받았던 데도 위장복의 영향이 컸다. 이 해병대 위장복처럼 열대지방에서 전투해야 할 상황에서는 길앞잡이 딱지날개 같은 색상과 문양을 염두에 두어 개발하면 좋을 것 같다.

대부분의 곤충이 밤에 활동하는 야행성이거나 식물이나 지형지물을 이용하여 "어떻게 하면 천적의 눈에 띄지 않게 숨어 있을까?" 하는 쪽으로 진화했다. 하지만 길앞잡이과는 위험천만하게도 주로 낮에 활동한다. 더구나 풀숲이 없는 길바닥이나 강변, 해변의 백사장 등 천적에게 노출되는 장소에서 살아왔다. 숨어 살기보다는 오히려 자신을 다양한 얼룩 문양과 색상으로 위장하는 쪽으로 적응하고 진화한 것이다. 자연 상태에서 주변 생태환경에 알맞게 의태하거나 위장하도록 문양과 체색변화를 추구해온 것이다.

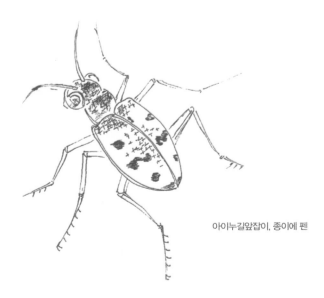

아이누길앞잡이, 종이에 펜

스텔스 테크놀로지
모자이크 날개

길앞잡이는 낮에 활동한다. 그것도 해변이나 냇가, 산길 등 훤히 보이는 곳에서 돌아다닌다.
얼핏 생각하면, 천적이나 사냥물의 눈에 잘 띄는 밝고 아름다운 색으로 치장하면 안 될 것 같다.
그런데 반전이 있다. 이들은 오히려 화려하게 치장한 채 잘 적응하여 살고 있다.

왜 화려하게 치장하는 쪽으로 진화했을까?

길앞잡이의 딱지날개는 지방과 산지의 고도, 들, 평야, 계곡, 해안가 등에 따라 빛깔이 다양한 개체변이를 일으킨다. 색깔은 붉은색 바탕에 초록색과 파란색이 뒤섞인 굵고 둥근 타원형이고, 분을 발라 놓았다.

어깨 양쪽에는 반달형 두 개를, 가운데는 둥근형의 문양 두 개를 그려 넣었다. 허리 아래쪽에는 엉덩이 끝까지 크고 긴 타원형을 양쪽 날개에 하나씩 그려 넣었다. 그러고 보니 두 날개 전체를 열십자로 주욱 그어놓은 것처럼 보인다. 거기에 가는 붓에 하얀색 물감을

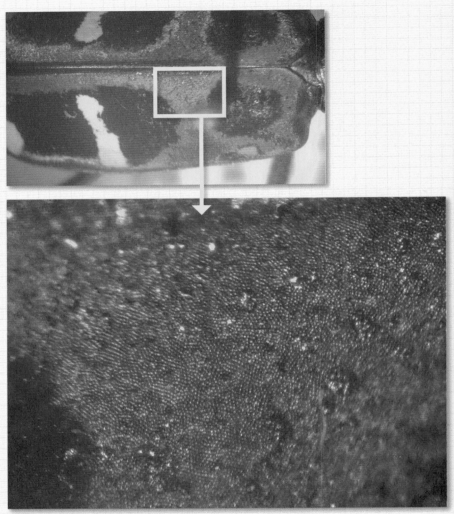

딱지날개, 실체현미경 ×5배 1990.6.17. 인천 계양산(위), 부분 확대 ×50배(아래)

듬뿍 묻혀 허리 아래 양쪽 날개의 청록색이 있는 긴 타원형 위에 파도문양을 가로로 길게 그려놓았다. 날개 기부인 어깨와 엉덩이 쪽 끝 부분 양쪽에 섹시한 하얀색 점도 찍었다. 그러고는 각각의 문양 테두리를 가는 붓으로 아이샤도우 터치처럼 마무리했다. 실로 놀라운 메이크업 기술이다. 그러나 문양이 뚜렷하지 않아 구름의 양과 햇빛의 각도, 아침, 점심, 저녁의 때와 장소, 보는 방향, 음영에 따라 달라진다.

실체현미경으로 확대해 보면 육안으로 볼 수 없는 수많은 작은 색상방울이 모자이크되어 덮여 있다. 마치 색맹검사color blindness test 를 할 때 각종 색을 조합하여 색맹을 찾아내게 하는 색상카드 같다. 색상카드는 일정한 채도와 명도*를 가진 색의 반점들로 구성되어 있다. 여러 가지 형태와 크기의 문자나 숫자의 모양으로 배열하여 인식하도록 하는 카드다. 길앞잡이의 딱지날개 역시 적색과 녹색이 주 색상을 이루고 있기에 적록 색맹을 찾아내는 검사표와 흡사하다고 말하는 것이다.

머리에는 양쪽 검은색 눈을 제외하고 차가운 색 계열인 녹청색 수건을 둘러썼다. 목덜미는 따뜻한 색 계열인 적황색의 스카프로 치장했다. 이 색상들은 마치 스프레이로 흩뿌려놓은 것 같다. 천적이 멀리서 보게 되면 쉽게 눈에 띄지 않아 찾기가 쉽지 않을 것이다.

---

* 채도는 맑은 정도, 명도는 밝은 정도를 나타낸다. 노란색을 예로 들면 채도가 높을수록 자신의 원색인 노랑이 되고, 명도가 높으면 흰색이 된다.

나노 광학적으로 디자인하다

날개를 유심히 보면 각각의 색상이 물감을 타놓은 것처럼 한데 어울려 있다. 그런데 신기하게도 주변의 색에 따라 바위에 앉아 있으면 바위색으로, 풀밭에 앉아 있으면 풀색으로, 땅바닥에 엎드려 있으면 흙색으로, 나무에 붙어 있으면 회갈색으로 바뀐다. 주변 색에 따라 바뀌는 마술을 부린다. 중국 마술 중의 하나로서 순간에 마스크를 바꾸는 변검술처럼 색깔의 변장술사다.

길앞잡이는 전투기 중 적의 레이더와 적외선 탐지기, 음향탐지기, 육안에 의한 탐지기 등을 포함한 모든 탐지기능에 대항하는 능력이 있다. 은폐 기술인 스텔스stealth 기능을 하는 전투기처럼 색상의 스텔스 테크놀로지 생물이기 때문이다. 딱지 날개가 원통과 같은 단일 곡면 형태로 되어 있어 색상을 눈으로 볼 때 입사에너지를 산란하는 효과가 있다. 한마디로 나노 광학적 디자인이다. 보호색이 아닌 것처럼 보이나 지극히 완벽한 보호색으로 진화해온 셈이다. 사진작가들은 길앞잡이를 찍을 때 앵글과 조리개, 노출, 셔터속도 등을 똑같이 해서 촬영해도 전혀 다른 칼라가 나와 어려움을 겪는다고 한다.

해외 파병에는 곤충의 딱지날개 위장술을 본떠 파견 지역의 특성에 따라 M60 기관총이나 탱크, 대포, 전투기와 격납고, 함정 등을 곤충 색상과 문양에 따라 개발할 가치가 있지 않을까? 각 군에서도 지형지물과 식물 서식환경과 수종, 생태, 기후변화 등에 맞춰 엄호와 은폐, 위장 등의 전술을 펼치기 위하여 곤충의 생태환경을 연구하여 접목할 필요가 있다. 무엇보다 이들은 위장술의 지존이니까!

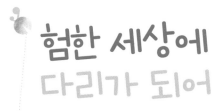

험한 세상에
다리가 되어

길앞잡이는 먹이사냥을 할 때 치타처럼 단거리에서 승부를 낸다.
그러려면 우선 100m 출발 대기선에 서 있는 육상선수의 마음을 갖추어야 한다.
사냥하라는 마음의 총소리가 울리면 모든 신경을 순간 폭발력에 집중한다.
매 경기가 마지막인 듯 달리는 우사인 볼트처럼.

땅 위에서 가장 빨리 달리는 생물

길앞잡이는 달리기 전에 근육이 이완되도록 끊임없이 발을 움직이
며 준비 자세를 취한다. 이때 신경이 자극을 받아 말단에서 분비되
는 아세틸콜린이라는 신경전달물질을 근육에 전달한다.

 몸체 내부에서는 열에너지를 운동에너지로 빠르게 전환하는 기작
이 작동한다. 열에너지원은 좋다. 숲속의 그늘진 곳보다는 햇빛에 빨
리 데워지는 돌 위에 앉아 있는 습성 때문에 환경적으로도 아주 좋
은 신재생에너지를 보유할 수 있다. 자동차로 말하면 혼합기의 연소
효율, 즉 열효율이 좋아 순간 최고 출력을 발휘하는 V6 스포츠카의

길앞잡이 뒷다리, 실체현미경 ×8배, 뒷발 ×8배, 1990.6.17. 인천 계양산

6기통엔진 정도는 되는 셈이다. 물론 비가 오거나 구름이 낀 날에는 열에너지원이 부실하기 때문에 대부분의 길앞잡이들이 사냥을 하지 않는다.

호주에 사는 후드소니 길앞잡이*Cicindela hudsoni*의 보행 속도를 보자. 실험에 의하면 순간이동 속도가 2.5m/sec로 땅 위에서 가장 빨리 달리는 생물로 기네스북에 등재되어 있다.

길앞잡이의 보행 속도를 사람으로 환산해보면 어떨까?

길앞잡이는 6개의 다리 중에 3개씩 교차하여 땅에 발을 내디딘다. 앞다리와 가운뎃다리, 뒷다리의 발끝 간격이 약 1cm이므로 올림픽 경보선수처럼 성큼성큼 걷는다고 가정했을 때 1.2배 즉 보폭이 1.2cm로 추정할 수 있다.

보폭 1.2cm로 1초에 2.5m(250cm) 달리므로 1분에는 250cm×60sec÷1.2cm=12,500보(걸음)/min이고, 1시간 동안은 12,500보×60min=750,000보/h이다. 성인이 약간 빠른 걸음의 보폭 50cm로 1초에 1m(두 걸음) 정도이다. 여기에 사람이 걷는 보폭 50cm를 곱하면 37,500,000cm이다. 즉 375km가 된다.(또는 1m는 사람 두 걸음과 맞먹으므로 750,000보/h÷2 하면 375km가 된다.) 인간의 보폭으로 걷는다고 가정했을 때 이 수치대로라면 길앞잡이가 무려 시속 375km의 엄청난 속도로 걷는 것과 맞먹은 보행 속도이다. 물론 계산한 속도는 길앞잡이가 열에너지를 끊임없이 공급받아 몸이 계속 활성화되어 움직인다고 가정했을 때다. 그냥 성인과 같이 걷는다고 해도 길앞잡이가 2배가 넘는 속도로 걸을 수 있다.

길앞잡이와 비슷한 크기의 딱정벌레류 종들의 발과 다리 길이 비교(가운데가 길앞잡이)

길앞잡이는 사냥할 때 뛰고 달리고 점프한다. 올림픽 육상선수 우사인 볼트처럼 허벅다리와 종아리마디가 가늘고 길게 발달되어 있다. 달릴 때 보폭을 넓게 하여 같은 걸음걸이면 빨리 달릴 수 있도록 배려한 것이다. 길앞잡이는 특히 발이 체구에 비하여 비정상적일 만큼 길다. 사람으로 말하면 복숭아뼈가 있는 발목 부위인 며느리발톱부터 2개의 발톱과 1개의 부속지가 있는 발끝까지의 5개 마디가 다른 과에 비하여 월등히 길게 발달했다. 마치 발 마디의 길이를 엿가락처럼 길게 늘여놓은 것 같다.

길앞잡이의 몸길이는 24mm인데 비하여 뒷다리의 길이가 17mm이고 뒷발의 길이는 9mm이다. 다리와 발의 길이를 합치면 26mm로 몸길이보다 더 길다. 더군다나 앞발의 끝과 뒷발의 끝까지의 폭이 42mm이다. 그야말로 가제트 형사의 발이다.

자주 날지는 않지만 약간 멀리 이동할 때에 가끔 날개를 사용하고 서식처 근방에서는 주로 기어 다니는 과로 먼지벌레과가 있다. 이들은 날개와 다리와 발이 적당히 발달되었다. 아예 날아다니는 것을 포기하고 기어 다니는 과는 딱정벌레과가 으뜸이다. 이들은 체격이 비교적 큰 편이라 뛰어 다니는 것이 아니고 기어 다니기 때문에 도마뱀이나 악어처럼 다리가 옆으로 벌어졌다. 무거운 몸체를 떠받치고 걸으려면 허벅다리가 종아리마디보다 튼튼해야 한다. 체조선수가 무거운 몸을 버티기 위해 팔뚝에 알통이 생기는 것처럼 대부분 허벅다리가 다른 과에 비하여 굵은 편이다.

길앞잡이 다리 진화의 비밀

이렇게 진화해온 데엔 세 가지 비밀이 숨어 있다. 첫째, 발 전체로 내딛는 것이 아니라 발끝으로 땅을 디뎌 보폭을 넓게 한다. 발레선수가 우아하게 멀리 뛰기 위해 발끝으로 걷는 것처럼. 둘째, 빠른 도약과 착지 시 발을 평평하게 내딛지 않고 활처럼 구부림으로써 중력가속도에 의한 몸의 충격을 완화한다. 자동차나 자전거의 충격을 줄여주는 기계부품인 쇼바shock absorber의 기능과 같은 효과를 주는 것이다. 마지막으로 사냥할 먹이에게 조용히 접근할 수 있도록 사뿐사뿐 걷는다. 곤충들은 아주 작은 진동이나 움직임, 극초단파도 감지하여 도망가기 때문이다.

20세기 최고의 올림픽 단거리 육상선수는 자메이카의 우사인 볼트와 미국의 칼 루이스다. 두 선수 모두 100m와 200m, 400m 계주에서 금메달을 땄다. 특히 100m에서는 마魔의 10초 벽을 넘어섰다. 두 선수 모두 신장이 190cm가 넘는다.

인간의 상체는 키에 크게 영향을 주지 않는다. 그만큼 두 선수는 몸체에 비하여 다리가 비대칭적으로 길고 튼튼하게 발달했다. 우사인 볼트는 2.44m의 긴 보폭과 총소리 반응시간 0.185초에 폭발적인 스피드로 단거리 달리기를 제패했다. 칼 루이스는 말한다. "여러 번의 반복연습을 통해, 운동을 완전히 몸에 익혀, 어떤 리듬감을 얻어야 한다"고 말이다. 칼 루이스의 말을 길앞잡이의 진화에 대입해보면 '여러 번의 반복연습'은 곧 2억 5천만 년 전부터 사냥물을 쫓고 천적으로부터 도망가기 위하여 누대에 걸쳐 대응해온 것, '운동을 완전히 몸에 익혀'는 길고 튼튼한 다리와 긴 발을 위한 부단한 적응의 과정을 거친 것, '어떤 리듬감을 얻어야' 하는 것은 최고의 상태로 적응된 다리와 긴 발을 활용해 리드미컬한 달리기를 가능하게 해주는 모드로 진화한 것으로 볼 수 있다.

큰 턱은
사랑 나눔의 도구

길앞잡이를 '타이거 비틀(*Tiger beetle*)'이라고 한다. 번역하면 호랑이 딱정벌레다.
딱지날개의 무늬가 호랑이와 비슷하게 생겼기 때문이기도
하지만 호랑이처럼 포악하기 때문에 붙여진 이름이기도 하다.

하필이면 왜 턱이 거대해졌을까?

구소련의 공산당 기旗에는 망치와 낫이 그려져 있다. 공산당기의 낫을 보면 소름이 끼친다. 잔인하고 잔혹한 이미지가 오버랩되어 섬뜩하고 오싹하다. 길앞잡이의 입에도 낫처럼 생긴 큰 턱이 있다. 사냥을 위한 도구이지만, 모든 곤충 중에 유일하게 길앞잡이 수컷에게만 있는 한 가지 은밀한 기능이 더 있다. 놀랍게도 이것을 사랑의 도구로 쓰는 것이다.

길앞잡이는 짝짓기를 할 때 이 큰 턱으로 암컷의 앞발과 가운데발 사이의 등가슴을 물어 꼼짝 못하게 잡아둔다. 큰 턱을 벌리면 암컷의 등가슴이 가득 한 입에 물리도록 길고 튼튼하게 발달해왔다.

이 턱은 개미 등 작은 곤충을 잡아먹기에는 너무 길고 크다. 마치 코끼리 송곳니인 상아나 매머드의 송곳니처럼 먹이를 낚아채기에는 알맞지 않다. 그렇다면 왜 이렇게 길고 크게 발달했을까? 답은 종족보존에 있다. 생물 종의 진화 방향에는 여러 가지 이유와 목적이 있지만 살아남기 위한 진화와 함께 자손 번식을 위한 진화가 가장 큰 원인으로 꼽힌다.

길앞잡이의 큰 턱에는 날카로운 톱니가 있어 마치 형사들이 범인을 체포할 때 쓰는 수갑처럼 기능한다. 수갑은 범인이 풀려고 움직이면 움직일수록 옥죄어 들어가는 톱니구조로 되어 있다. 제재소에서 통나무를 옮길 때 쓰는 장비도 이와 같은 모양으로 개발되었다.

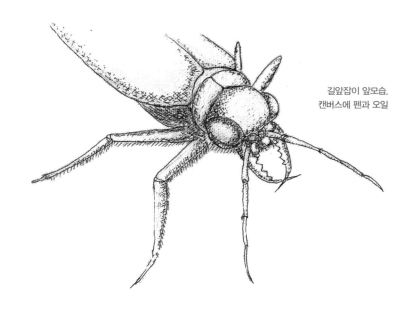

길앞잡이 앞모습.
캔버스에 펜과 오일

아마도 수갑은 길앞잡이의 큰 턱의 구조와 기능을 본떠 발명되지 않았나 생각된다.

곤충 세계의 난폭한 바람둥이

일반적으로 대부분의 곤충 수컷이 암컷에 접근하여 구애를 할 때에는 애교와 아양을 떠는 행동을 한다. 호랑나비는 날갯짓으로 아름다운 춤을 한껏 뽐낸다. 여치나 귀뚜라미, 방울벌레, 매미는 아름다운 목소리로 노래를 한다. 사향제비나비는 향기로운 향수를 뿌리고 다닌다. 장수풍뎅이는 겨루기를 통해 힘자랑을 한다. 요즘 결혼식장에 가면 곤충들의 수컷이 하는 행동을 신랑이 똑같이 하는 것을 볼 수 있다. 그런 모습을 볼 때마다 절로 미소를 짓게 된다.

하지만 길앞잡이 수컷은 상대방에 대한 배려가 전혀 없다. 행동은 거칠고 무뚝뚝하며 애교가 없다. 한마디로 무조건 들이대고 본다. 서로의 교감이란 생각할 수도 없다. 타인을 배려하지 않고 자신의 의지대로만 행동하는 에고이스트이다. 요즘에는 이런 남자들이 여성들에게 제일 매력 없는 부류다.

이들은 짝짓기를 할 때 사디스트sadist* 처럼 굉장히 폭력적이다. 사랑을 나누는 계절인 5월이 다가오면 사전에 교감이 없이 암컷만 보면 다짜고짜 덮쳐 입으로 물고 짝짓기를 한다. 교미를 하고 있는 다른 수컷에게 싸움을 걸어 사랑을 방해하는 폭군이기도 하다. 하지

---

* 마조히스트(masochist)에 반대되는 말로 상대방에게 육체적 정신적으로 고통을 줌으로써 성적 쾌락을 얻는 자

만 일부일처나 일부다처의 원칙이 있는 것도 아니다. 그야말로 여러 암컷을 건드리는 곤충계의 바람둥이 카사노바다. 물론 자신의 유전자를 많이 퍼뜨리려는 자손 번식 본능 때문이다.

암컷도 이런 난잡하고 난폭한 사랑을 싫어한다. 껴안고 있는 난봉꾼을 떼어내려고 뒷발로 차고 발버둥을 쳐보지만 날카로운 낫처럼 생긴 큰 턱이 가슴을 물고 진드기처럼 등에 바짝 붙어 있어 속수무책으로 당할 수밖에 없다. 사람의 눈에는 이쯤 되면 곤충계에도 미투운동이 필요한 게 아닐까 싶은 순간이다.

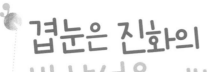

겹눈은 진화의
방향성을 제시하고

요즘 젊은이들 사이에 돌출된 눈 성형이 유행이다.
곤충들에게는 튀어나온 눈이 생존에 유리한 것이지만
인간들에게는 오히려 아름다움에 걸림돌이 되나 보다.

툭눈이의 비밀

길앞잡이 눈은 한쪽에 약 5천 개의 낱눈이 모여 커다란 겹눈구조를 이룬다. 양쪽 두 겹눈을 합쳐 약 1만 개 정도의 낱눈이 물체를 보는 셈이다. 모든 곤충이 그렇듯이 길앞잡이도 각각의 낱눈이 따로따로 시각 기능을 하므로 모자이크로 된 상을 본다. 눈에 비치는 피사체는 다소 흐리게 보이지만 움직이는 물체를 가장 잘 보는 눈으로 진화했다.

만약 사냥물이 왼쪽에서 오른쪽으로 이동하면 왼쪽의 끝에 있는 낱눈이 제일 먼저 본다. 다음이 그 눈 오른쪽 옆의 낱눈이, 계속 이어서 릴레이 식으로 옆의 낱눈들이 보기 때문에 움직이는 물체를 잘 볼 수밖에 없다. 이 같은 기작은 왼쪽에서 오른쪽으로 지나가는 물체를 1초에 16컷 이상 찍은 필름을 영사기에 놓고 돌리면서 빛을 쪼이면 상이 움직이는 활동사진 즉, 영화가 되는 원리와 같다.

하늘소의 일부 종들은 눈 가운데서 더듬이가 나와 눈이 두 개로 분리된 것처럼 보인다. 그만큼 감각을 시각보다는 촉각인 더듬이에 의존한다. 왕사슴벌레, 넓적사슴벌레, 톱사슴벌레 등 사슴벌레과는 눈이 옆쪽에 붙어 있다. 오히려 위쪽보다는 아래쪽에 더 가깝다. 천적으로부터 몸을 보호하기 위한 주변 경계 기능보다 먹이에 집착하여 수액을 빨아먹기 위한 쪽으로 진화했다고 볼 수 있다.

길앞잡이 눈은 다른 딱정벌레목의 종들보다 심하게 돌출되어 있다. 머리에서 튀어나온 눈은 목덜미까지 길게 이어지는데, 목만 조금 움직여도 좌우상하뿐만 아니라 앞쪽과 뒤편까지 볼 수 있도록 진화했다. 천적으로부터 자신을 보호하고 빨리 움직이는 곤충을 사냥하기 위해 필수적인 기관이다. 잠자리 눈이 심하게 돌출된 이유도 이와 유사하다.

개구리의 눈이나 악어 눈은 물속에 몸을 숨기고 있으면서 물 밖을 보기 위한 쪽으로 돌출되어 있다. 카멜레온 눈은 아예 튀어나온 눈을 360° 돌려 볼 수 있도록 진화해왔다. 바다의 난폭자 귀상어는 머리 양쪽에 망치 모양으로 돌출된 끝에 눈을 달아놓고 넓은 시야로 바다 속을 누빈다. 길앞잡이 역시 산길이나 계곡 옆의 자갈이나 모래밭에서 살아가기 때문에 앞뒤 좌우의 폭넓은 시야를 확보하기 위해 눈이 심하게 튀어나오는 쪽으로 진화한 것이다.

길앞잡이 눈의 구조,
실체현미경 ×5배, ×50배,
1990.6.17. 인천 계양산

왜 갑자기 멍때리기를 할까?

강변에서 길앞잡이를 관찰하다 보면 흰목물떼새처럼 종종걸음을 걷다가 갑자기 멈춰 서서 주변을 살피곤 하는 것을 목격할 수 있다. 달리다가 멍하니 서서 멍때리기*를 하는 것이다. 이는 길앞잡이가 너무 빨리 달리기 때문에 시각 능력이 다리의 운동능력을 따라가지 못해서 벌어지는 현상이다. 말하자면 빛의 시각 신호를 받아들여 시신경의 신경 뉴런을 지나 뇌에 전송하는 시간보다 걷는 속도가 더 빨라 잠시 멈추고 둘러보는 것이다. 마치 KTX를 타고 가다 차창 밖을 보았을 때 눈에 보이는 장면과 흡사하다. 멀리 있는 풍경은 또렷하게 보이지만 가까이 지나가는 전신주는 흐리게 보이는 이치와 같다.

길앞잡이의 눈은 수많은 낱눈이 합쳐진 겹눈구조이다. 각각의 낱눈이 퍼즐처럼 조합되어 있다. 퍼즐로 짜 맞춰 디자인된 눈으로 보는 물체의 상은 모자이크화한 상으로 보인다. 낱눈들을 해부하여 확대해 보면 각자 독립된 하나의 눈들이다. 각 낱눈들은 나름대로 시신경이 하나하나 분리되어 있다. 마치 수많은 유선통신 선이 각 가정집으로 따로 따로 연결된 것과 같다. 낱개의 눈들이 보고 느낀 감각이 뇌로 가기 때문인지 신경 전달 정보 또한 제각기 다르다. 하지만 아무리 발달된 길앞잡이의 뇌일지라도 모든 낱눈들에게서 오

---

* 최근 스트레스 해소를 위하여 국제멍때리기대회가 있을 정도로 아무런 생각 없이 정신 줄을 놓고 멍하니 있는 상태를 일컫는 말. 두뇌의 기본모드 네트워크(The brain's default-mode network) 상태 유지하기와 일맥상통한다.

는 신호를 일사분란하게 통제한다는 것은 결코 쉬운 일이 아니다. 시신경을 통한 입력량이 급속도로 폭주하게 되면 체계적인 신호관리가 무너질 수밖에 없다. 인터넷 접속자 폭주로 서버가 다운되는 것처럼 말이다.

길앞잡이는 너무나도 빠른 속도의 다리를 가지고 있기 때문에 달릴 때 눈으로 보는 물체들이 선명하게 보이지 않는다. 마치 100m 달리기 선수를 저속 카메라로 찍어 영상이 흐리게 이어져 나오는 것처럼 보일 것이다. 흐리게 보인 물체들에서 엄청나게 들어오는 정보량을 뇌가 통제하기 힘들다. 이때 길앞잡이는 갑자기 멈춰 서서 멍 하니 서 있으면서 제 정신을 찾는다. 길앞잡이야말로 달릴 때마다 순간순간 멍때리기를 수없이 하는 진정한 멍때리기의 고수이다.

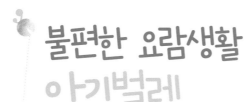

불편한 요람생활
아기벌레

길앞잡이 애벌레는 땅속에 수직굴을 파고 벽에 기대어 1년 내내 일어서서 생활한다.
베이징원인인 호모 에렉투스 페키넨시스(*Homo erectus pekinensis*)처럼
직립으로 진화한 직립곤충으로 기네스북에 올리거나 곤충의 역사를 다시 써야 할 것 같다.

수직굴에서 직립 생활하는 아기벌레

길앞잡이 애벌레는 개미귀신이 아니다. 일부 책에 개미귀신이라고
쓰여 있어서 인터넷에 개미귀신으로 떠돌아다닌다. 굳이 개미귀신
이라고 우기면 할 말은 없지만, 두 종은 생김새뿐만 아니라 서식 생
태, 특히 사냥법이 전혀 다르다. 보통 개미귀신Ant lion이라 함은 명주
잠자리과의 명주잠자리*Hagenomyia micans*, 별박이명주잠자리*Glenuroides*
japonicus, 왕명주잠자리*Heoclisis japonica* 등의 애벌레를 말한다.

이들은 개미지옥이라는 깔때기 모양의 모래 함정을 만들어놓고
중심부의 모래 속에 바짝 엎드려 숨어 있다. 개미 등 작은 곤충이

지나가다 미끄러져 빠지면 모래를 흩뿌려 사냥을 한다. 먹잇감의 체액을 빨아먹고 난 후 껍데기는 깔때기 함정 밖으로 휙 던져버리는 무서운 곤충이다.

모든 곤충은 인간처럼 직립생활을 하지 못한다. 더군다나 애벌레는 키틴질의 단단한 외골격이 발달되지 않았기에 상식적으로 불가능하다. 하지만 길앞잡이 애벌레는 수평굴도 아닌 수직굴을 파고 산다. 그 속에서 꼿꼿이 서서 생활한다면 엄청 불편할 것이다. 그것도 1년 내내 한 번도 엎드려 기어 다니거나 눕지 않고 서 있다니, 참으로 불가사의한 일이다.

이들은 굴 입구 주변에 개미나 나비 등의 애벌레가 지나가는 발자국의 진동을 감지하여 먹이를 잡는다. 5톤이 넘는 코끼리가 지나가며 쿵쿵 울리는 소리도 아니다. 곤충 중에서도 아주 작은 곤충에 속하는 개미의 걸음걸이에서 울리는 진동을 감지한다니 곤충의 미시세계는 알수록 경이롭다. 이처럼, 작은 곤충이 내딛는 미세한 파동까지 감지하는 예민한 신경체계를 연구하면 지진 예보에 많은 도움이 되지 않을까?

길앞잡이 애벌레는 사냥감이 지나가는 신호가 오면 매우 빠른 동작으로 순식간에 낚아채 굴 안으로 끌고 가서 먹는다. 먹잇감이 커서 힘이 세면 오히려 끌려 나갈 수 있지만 여기에도 놀라운 비밀이 있다. 배 다섯째 마디가 볼록 튀어나오고 갈고리가 있어 굴벽에 몸을 고정해 끌려 나가지 않도록 적응·진화했다는 점이다.

아기벌레는 언제쯤 환경지표종으로 보호될까?

땅속생활이라 하지만 어린 벌레 입장에서는 살아남기 위한 처절한 삶의 현장일 뿐이다. 대부분의 곤충 애벌레보다 이동성이 미약하기 때문에 기후 변화와 생태 환경 변화에 생존 위협이 심각하게 노출되어 있다. 자연재해 특히 장마기의 폭우, 혹독한 추위, 바이러스나 세균 감염, 토양오염, 고슴도치나 두더지 등의 천적으로부터 잡아먹힐 불안감 등 위험 요소는 사방에 널려 있다.

길앞잡이는 딱정벌레목 중에서 식육아목Adephaga, 食肉亞目에 속하기 때문에 꼭 생고기를 먹어야 살아갈 수 있다. 어둡고 습한 토굴 속에서 배고픔에 굶주리며 "오늘은 개미 한 마리라도 지나가겠지"하면서 이제나 저제나 하염없이 기다리는 아기벌레. 마치 굴 따러 간 엄

마를 기다리는 '섬집 아기' 같은 외로운 아기곤충이다. 별로 먹을 것
도 없는 알량한 먹이인 개미라는 식량을 기다리는 애벌레. 음습함
이 밀려오는 혹독한 추위와 역한 악취와 힘든 노동을 하는 저임금
속의 속칭 3D업종만도 못한 삶의 현장이다.

요즘에는 산길까지 콘크리트와 아스팔트로 포장되어 있어서 길앞
잡이 애벌레가 땅속에 굴을 파고 생활할 곳이 점점 줄어들고 있다.
자동차를 위한 도로가 작은 곤충들의 생활 터전을 빼앗아버린 셈
이다. 참으로 안타까운 현실이다. 길앞잡이 애벌레는 땅속에 굴을
파고 살기 때문에, 토양오염을 알 수 있는 환경지표종으로 선정되어
도 손색이 없다.

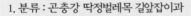

길앞잡이

(Cicindela chinensis)

1. 분류 : 곤충강 딱정벌레목 길앞잡이과
2. 크기 : 몸길이 약 20mm
3. 분포 : 한국, 중국, 일본 등
4. 생태 : 산길을 가다 보면 길 앞에서 포르릉 날아 5~6m 앞에서 앉아 기다리다
　　　접근하면 다시 날아가는 것을 되풀이하여 마치 길 안내를 하는 것처럼
　　　보이는 탓에 이런 이름이 붙었다.

동구 밖으로, 캔버스에 오일

둠벙으로 간
꼬마물방개

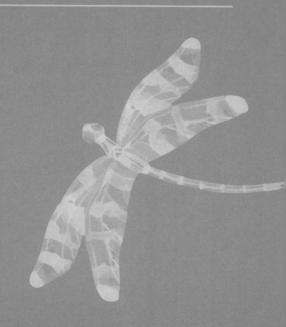

꼬마물방개, 캔버스에 오일

꼬마물방개

삿갓배미 가장자리 조그만 둠벙[*]
아버지 땀방울이 솟아나는데

영천산 기우제 소낙비 타고
하늘에서 내려온 꼬마물방개

아무데나 정붙이면 못살랴마는
하고 많은 연못, 무슨 사연에
외진 암자 동자승 되어 자리를 트나

애기부들, 골풀[**]로 울타리 치고
소용돌이 동심원 파문 일으킬 제

병아리 눈물만큼 넘쳐흐른 물
천수답 물꼬 내어 생명 꿈을 키운다

---

[*] '가뭄을 대비하여 논 옆에 파놓은 작은 웅덩이'를 뜻하는 고향 말
[**] 수변식물로 꼬마물방개가 이 식물들 줄기에 구멍을 뚫고 알을 낳는다.

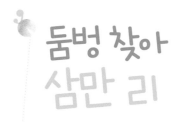

둠벙 찾아 삼만 리

꼬마물방개 조상은 약 2억 5천만 년 전 고생대 페름기부터 육상생활에서 물속생활로 전이하는 진화를 해왔다. 살고 있는 물속 환경이 좋지 않으면 미련 없이 훌훌 털고 맑은 습지를 찾아 공중으로 날아간다. 하늘여행을 하며 물기를 탐지하여 새로운 서식지로 자리를 옮긴다.

둠벙의 생태적 가치

옛날에 어느 농부가 삿갓을 벗어놓고 일하다가 논을 세어보니 한 배미가 없어졌다. 세고 또 세어 보다가 삿갓을 집어 들고 집으로 가려고 하니 그 삿갓 밑에 논이 있었다는 이야기가 있다. 그처럼 아주 작은 다랑이논을 삿갓배미라고 한다. 이 논들은 대부분 저수지보다 위에 있어 그야말로 하늘의 뜻에 따라 하느님이 내려주는 물로 농사를 짓는 천수답天水畓이다.

　물이 모자라서 논배미 옆에 약간 습한 곳을 파면 거짓말처럼 물이 나왔다. 조상들은 가뭄에 대비하여 이곳에 웅덩이를 깊게 파서 물을 저장하고 논에 물을 대는 미니 저수지를 만들었는데 이것을 고향 말로 '둠벙'이라고 한다. 선인들의 지혜가 참 대단하다. 이 작은 연못은 농사를 짓는 데 사용될 뿐 아니라 각종 생물들이 더불어 사는 먹이 생태계의 보고이기도 하다. 비록 작지만 연중 물이 마르지 않아 습지를 형성한다.

꼬마물방개*Bidessus japonicus*나 물방개 같은 수서곤충, 고추잠자리와 물잠자리 등 반수서곤충, 논우렁이나 미꾸라지 등 저서생물, 그리고 둠벙 물가를 빙 둘러싸고 있는 애기부들과 골풀 등 수변식물까지 여러 생물들에게 서식처를 제공하여 더불어 사는 미덕을 보여준다. 당연히 식물과 곤충이 살고 있으니 개구리가 놀고, 새들이 기웃거릴 수밖에 없다. 사람에게도 자연농법을 제공해주기 때문에 각 지역 동네 위의 버려진 땅을 생태둠벙으로 복원하는 것도 좋을 듯하다.

가끔씩 찾아와 목을 축이는 다람쥐, 노루 등의 산짐승 외에는 아무도 찾지 않고 또 찾기도 힘든 곳. 인적이 드문 산속 조그만 둠벙에서 꼬마물방개를 보았다. 크기가 겨우 2mm밖에 안 되는, 하늘에서 내려온 물속의 요정 꼬마물방개는 이곳을 어떻게 알고 찾아와 살고 있을까? 동자승처럼 누가 일부러 데리고 왔거나 슬그머니 법당 앞에 내려놓고 갔을까?

깊은 산속 둠벙엔 누가 와서 살까요?

옛날 할머니는 산속 둠벙에 살고 있는 생물들이 소낙비를 타고 하늘에서 내려온 거라고 믿으셨다. 한여름 잠깐 사이에 소나기가 억수로 쏟아지는 날이면 동네에서 제일 높이 있는 우리 집 마당에 난데

없는 미꾸라지 두어 마리가 꿈틀거리곤 했다. 이 불가사의한 일을 할머니께 물어보면 "아따! 이놈아, 손대지 말고 내버려둬라. 요놈들이 용이 되려고 하늘로 올라가다 떨어진 이무기여. 만지면 부정 탄다"고 하셨다. 하늘에서 소낙비 타고 우리 집 마당에 내려왔다니, 어린 나에게는 참으로 신기한 일이었다. 사실은 도랑에 있어야 할 미꾸라지가 도랑물이 넘쳐 마당으로 흘러들어와 꿈틀꿈틀 용트림을 했던 것인데!

대부분의 곤충은 개미처럼 땅속과 땅 위에서 일을 하고, 길앞잡이는 산길을 안내한다. 홍단딱정벌레는 언덕을 기어올라 위용을 과시하고 여치와 매미는 숲에서 노래한다. 청띠신선나비나 밀잠자리가 공중제비에 재미를 붙일 때, 딱정벌레목인 꼬마물방개는 발도 있고 날개도 달려 있으니 땅 위에서도 어련히 잘 살아가련만, 왜 굳이 서식처를 물속으로 정했을까?

꼬마물방개는 물에서 살지만 물이 오염되거나 웅덩이의 물이 마르는 등 서식 환경이 좋지 않으면 둑으로 올라와 몸을 말린다. 겉날개인 딱지날개를 살짝 들어 올리고 속날개를 펼쳐 습지가 있는 다른 연못으로 미련 없이 날아간다.

외진 산속에 있는 둠벙에는 오염원이 없다. 숲속에서 여과되어 흘러나온 생수만이 유입될 뿐이니까. 게다가 애기부들이나 골풀, 고마리, 방동사니 등 수변식물들이 자연발생적으로 물가에 자라는 만큼 생태적으로 우수한 생울타리의 보호를 받는 셈이다. 모든 수변식물은 물을 깨끗하게 해주는 정화식물들이다.

꼬마물방개는 물속생활을 하는 수서곤충이지만 발이 있어 땅에서 기어 다닐 수 있다. 날개가 있어 날아 다닐 수도 있다. 다리에 물갈퀴와 같은 털발이 있어 헤엄도 잘 친다. 한마디로 물, 땅, 하늘을 벗 삼아 자유롭게 살아가는 전천후 곤충이다. 어디 그 뿐인가? 전국 방방곳곳의 둠벙처럼 외진 곳을 떠돌아다니며 해학과 풍자와 익살로 농민들의 애환을 달래주는 방랑시인이기도 하다.

숨수기 운동에도
비법이 있다

계통발생학적인 면에서 보면 꼬마물방개는 본래 땅 위에서 살다가
점차 물속으로 들어가 수중생활에 적응하게 되었다는 것을 알 수 있다. 몸의 모양과 호흡기, 다리 등은
이들이 물속생활에 잘 적응하도록 진화해왔다는 것을 보여주는 결정적 증거이다.

물속에서 산다고?

꼬마물방개 조상들은 땅 위에서 어려움 없이 잘 살고 있었다. 굳이
자신들이 나서 서식처를 생활하기 불편한 물속으로 바꾸지는 않았
을 것이다. 그렇다고 천적에게 쫓기거나 물속으로 이주한 난민 처지도
아니었다. 그렇다면 대체 왜 서식지를 바꾼 걸까? 분명 꼬마물방개
조상들은 처음에는 육상생활을 했다. 하지만 지질시대에 자연적인
기후변화로 홍수에 의한 드넓은 침수지역이 생기자 그 언저리에 서
식하면서 차츰 물속생활에 적응하는 방식으로 진화했을 것이다.

육상에서 수중생활로 적응·진화해왔다는 증거는 첫째, 물속에서

생활하기 좋도록 몸을 유선형으로 변화시켜 헤엄칠 때 물의 저항을 최소화했다는 점이다. 둘째, 배 끝 꽁무니에 호흡관을 만들어 수면 밖에서 공기를 빨아들여 공기방울을 매달고 다니면서 물속에서 산소와 이산화탄소의 가스교환을 하고 있다는 점이다. 셋째, 다리에 많은 털이 깃털처럼 나 있다는 점이다. 이것은 앞으로 나가야 할 상황이 왔을 때 뒷발질을 하면 노와 같이 넓게 펼쳐져 추진력을 극대화해주는 역할을 한다. 그리고 다시 발을 앞으로 내밀면 붓처럼 뾰쪽하게 되어 물의 저항을 최소화한다.

육지에 살았던 물개*도 계통발생학적인 면에서 보면 먼 조상들은 본래 물가에서 살다가 점차 수중생활로 옮겨가면서 물속환경에 적응하며 살아왔을 것이다. 유선형의 몸과 기름진 피부, 짧은 털, 물갈퀴가 있는 다리, 지느러미처럼 변형된 꼬리 등이 물속환경에 잘 적응하도록 진화한 것이다. 이들 역시 꼬마물방개처럼 오랫동안 잠수해 있다가 해수면 밖으로 코를 내밀고 숨을 쉰다. 수중 포유동물인 물개는 물속에서 숨을 멈추고 잠수를 하면 맥박이 느려진다. 잠수에 의한 심혈관계 반응인 서맥slow pulse, 徐脈 현상이 일어나는 탓이다. 이처럼 혈액순환이 느려지면 산소 소모량이 줄어들기 때문에 오랜 시간 동안 잠수하며 물속에서 생활할 수 있다. 폐로 숨을 쉬기 때문에 폐활량도 한 몫 거들어준다.

물은 생명 태동의 모태이고 생명 탄생의 근원이다. 꼬마물방개도

---

* 물개라는 종은 없다. 일반적으로 포유강 식육목 물개과(Otariidae) 동물을 총칭하는 말이다.

자연의 섭리에 따라 외롭고 험난한 조무래기 산동네 조그만 둠벙의 삶이지만 생명의 고향을 떠나지 못하고 물가에서 맴도는가 보다. 비록 아무도 관심을 갖지 않는 조그만 생물이지만, 높은 산중 작은 웅덩이에서도 꿋꿋이 대대로 살아가는 꼬마물방개를 보면 옛날 우리 조상들이 척박한 환경에 굴하지 않고 농사를 짓고 살아가던 모습이 오버랩된다. 자연에 대한 인간의 오만과 무지에서 오는 무례함, 인간 중심적 사고방식이 부끄러울 따름이다.

숨쉬기 운동? 장난이 아니야!

"너 요새 무슨 운동하니?", "숨쉬기 운동해." 친구들 사이에 우스갯소리로 가끔 듣는 이야기다. 그런데 사실은 숨쉬기도 운동 맞다. 심지어 운동 중에 가장 힘든 운동이다. 숨쉬기 운동을 멈추면 생명은 끊긴다. 숨쉬기 운동이 가장 어렵다는 것을 몸소 보여주는 곤충이 있다. 바로 꼬마물방개이다. 수서곤충인 꼬마물방개에게는 숨쉬기가 매우 중요하다. 물속에서 먹이를 찾고 사랑을 나누며 자식을 잘 보살펴야 하고, 때로는 물고기나 개구리, 덩치가 큰 물속곤충으로부터 재빠르게 도망가려면 '오랫동안 숨 몰아쉬기' 능력이 출중해야 하기 때문이다.

꼬마물방개에겐 이를 위한 특별한 기관이 있다. 물개와 달리 배 끝에 뾰족한 호흡관이 2개가 있는데 물속에 있다가 산소가 부족해지면 이 호흡관을 수면 위로 내밀고 공기를 빨아들인다. 흡입한 공기를 물속에서 내뿜어 공기방울을 만들고 꽁무니에 매달고 다니면서 날개 아래 배에 있는 기문(숨문)을 통해 숨을 쉰다. 호흡을 통해 공기방울 속의 산소 농도가 주변 물속의 산소보다 낮아지면 물속에 있는 산소가 공기방울 속으로 확산[*] diffusion, 擴散되어 오랫동안 물속에서 생활할 수 있도록 적응해온 것이다.

하지만 꼬마물방개가 아무리 물속생활에 적응되었다고 해도 숨을 참는 데엔 한계가 있다. 땅 위에 사는 곤충에 비해 부지런히 움직이는 까닭이다. 물속과 수면 위를 끊임없이 들락날락 하며 일생동안 쉴 틈 없이 운동해야 겨우 목숨을 부지할 수 있는 것이다. 다른 수중생물에 비하여 물속을 오르내리며 많이 움직이니 천적에게 자주 노출되고, 그만큼 잡아먹힐 확률도 커진다. 그야말로 꼬마물방개에게는 숨쉬기 운동이 장난이 아니다. 처절한 생사의 문제이다.

어릴 적 저수지에서 물놀이를 할 때, 밀이나 보리 짚으로 빨대를 만들어 입에 물고 잠수하여 물속에서 오래 버티기 시합을 하곤 했다. 그것이 발전되어 대나무 막대를 이용해 꽤 오랫동안 잠수하기도 했다. 요새 유명 해양관광지에 가면 스노클링snorkeling이 유행이다. 대나무 막대처럼 아주 간단하고 단순한 U자형 도구를 착용하고 얕게 잠수하면서 물고기나 산호 등을 관찰하는 체험이다. 스노클링 도구는 장구애비나 게아재비처럼 물속에서 생활하며 꽁무니에 기다란 빨대를 달고 다니며 물 밖에서 공기호흡을 하는 생물에서 힌트를 얻어 만들었을 것이다.

---

* 어떤 물질의 액체나 기체 분자가 농도(밀도)가 높은 쪽에서 낮은 쪽으로 퍼져 나가는 현상

전천후 전투병
물방개

물방개(*Cybister japonicus*)의 몸은 유선형이다. 물의 저항을 줄이기 위해서다.
또한 천적을 피하고 먹잇감을 신속하게 사냥하는 데 쓰이는 뒷발에는 긴 털이 나 있다.
특히 수컷의 앞발은 탁구라켓 같은 구조로 되어 있는데, 이는 빠른 방향 전환과 360° 회전,
그리고 자손 번식을 위한 짝짓기를 도와주는 역할을 할 수 있도록 진화해왔다.

물새와 물방개

하늘을 잘 날면서 물속에서 헤엄도 치고 땅 위를 걷기도 하는 대표
적인 물새가 가마우지*다. 마찬가지로 물속에서 잠수하며 하늘을
날고 땅 위를 걸을 수 있는 대표적인 수서곤충이 물방개다. 두 종은
계통발생학적으로 척추동물문의 조강과 무척추동물문의 곤충강으
로 너무나 먼 유연관계를 가지고 있다. 두 강class은 서로 전혀 다른
진화의 과정을 거쳤지만 기능적으로 유사한 형태와 구조를 가지고
있다.

---

* 조강 사다새목 가마우지과(Phalacrocoracidae)에 속하는 종들을 총칭하는 말

하늘을 날아다니는 가마우지의 몸과 유사하게 물속을 가르는 물방개의 몸의 형태도 유선형으로 저항을 최대한 적게 받도록 적응되었다. 하늘에서는 공기의 저항을, 수중에서는 물의 저항을 줄일 수 있는 쪽으로 앞뒤 꼭지가 뾰쪽하게 적응된 것이다. 가마우지의 날개에 붙어 있는 깃털의 형태와 구조가 하늘을 나는 데 적합한 기능이라면, 물방개의 뒷다리에 붙어 있는 털발**도 형태와 구조가 물속을 헤엄치는 데 적합하다.

공기 중에서 날갯짓을 하거나 수중에서 발짓을 할 때에는 공기와 물의 저항을 크게 해야 힘차게 비행하고 헤엄을 칠 수 있다. 가마우지는 앞쪽 날개의 깃털을 합죽선처럼 펼쳤다 접었다 하고, 뒤쪽 다리는 나는 방향과 일직선으로 뻗어서 더 잘 날 수 있게 조정한다. 물방개 역시 뒷다리에 있는 많은 털을 갤리선galley이나 거북선의 노처럼 펼쳤다 접었다 하며 쾌속으로 물속을 가른다. 아마도 물방개 털발의 모양과 작용을 본떠 군용선인 갤리선과 거북선의 노를 개발하지 않았나 싶다.

가마우지는 물고기 사냥을 마치면 물가로 걸어 나와 몸을 말리며 휴식을 취한다. 물방개는 사냥감이 부족하거나 연못이 마르거나 오염되는 등 물속 환경이 좋지 않을 때에만 물 밖으로 기어 나와 햇볕에 몸을 말리고 또 다른 삶터로 멀리 날아간다.

** 합당한 용어가 없어 필자가 지어낸 신조어

수컷 앞발은 왜 탁구라켓처럼 생겼을까?

물방개 수컷의 앞발은 독특한 구조로 되어 있다. 각각 세 개씩 탁구 라켓을 포개서 들고 있는 것 같은 모양이다. 제법 복잡한 구조인데 크게 세 가지 기능을 한다.

첫 번째 가장 큰 기능은 수컷이 짝짓기를 할 때 암컷 등 쪽의 휘어 있는 매끄러운 표면에 잘 부착할 수 있도록 빨판 역할을 하는 것이다. 탁구를 칠 때 탁구공이 닿는 면에 고무를 붙여 마찰력을 높이는 것처럼 수컷의 앞발에도 짝짓기를 할 때 표면적을 넓혀 암컷의 등에 찰싹 달라붙어 암컷이 움직여도 도망가지 못하게 하는 것이다. 이는 또한 물속에서 암수가 동행하며 짝짓기 할 때 이를 원활하게 해준다.

두 번째 기능은 앞에서 노를 저어 추진력을 높이는 것이다. 리어카에 무거운 짐을 싣고 비탈길을 갈 때 앞에서 끌고 뒤에서 밀고 가면 한층 수월하게 올라갈 수 있는 것과 같다. 자동차로 말하면 대부분의 승용차가 이에 해당한다. 엔진에서 앞바퀴에 동력이 전달되어 앞에서 끌고 가는 전륜 구동형 자동차와 같다고 할까?

마지막 기능은 방향을 조종하는 선박키와 같은 역할이다. 배에서의 키는 보통 뒤에 한 개 있지만, 물방개에겐 앞쪽 양쪽에 두 개의 키가 있다고 생각하면 된다. 물방개의 한쪽 발의 라켓을 사용하면 빠른 좌우 방향 전환이 가능하다. 왼쪽 발의 라켓을 진행 방향과 직각으로 향하면 왼쪽으로 돌고 오른쪽으로 향하면 오른쪽으로 돈다. 양쪽 발의 라켓을 모두 한쪽 방향으로 사용하면 연못에서 자주

물방개 수컷 앞발구조, 실체현미경 ×10배 2010.10.6. 울진 불영계곡

물방개 암컷, 한지에 먹

보는 아주 빠른 회전이 가능하다. 즉, '방향 전환×2=회전 전환' 능력이 된다. 또한 양쪽 발의 라켓을 좌우에 진행 방향과 직각으로 놓으면 순간정지능력이 탁월하다. 물속에서 생활하는 딱정벌레목 중에서 가장 큰 물방개가 물속에서 자유자재로 유영하는 것은 이 앞발 덕분이다.

아프리카 탄자니아 세렝게티 국립공원에서 손꼽는 방향 전환의 명수는 단연 톰슨가젤이다. 이 동물이 육상 포유동물 중에 가장 빠른 단거리 선수인 치타에게서 도망갈 수 있는 것은 순간회전능력 덕분이다. 피라미처럼 아무리 빠른 물고기도 이 물속 곤충인 물방개를 피할 수는 없다. 반면 물방개 암컷은 앞발이 수컷처럼 생기지 않고 그냥 털만 조금 나 있는 단순한 모습이다. 짝짓기 때 수컷처럼 매끄러운 곡면에 부착시켜야 할 이유가 없기 때문이다.

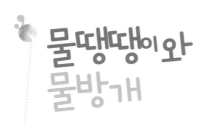

물땡땡이와 물방개

곤충의 조상은 원래 육지에서 살았다. 지상에서 육상생활에 적응하며 진화해왔다.
하지만 일부 종들은 물가에 살면서 물속생활을 하기 위해 물살이 곤충으로 분화했다.
특히 딱정벌레목 중에서 물방개과와 물땡땡이과가 대표적이다.

누가 먼저 물속생활을 시작했을까?

딱정벌레목 수서곤충 중에서 물방개가 물속곤충 최상위 포식자다.
모든 물속곤충은 물론이고 자기 몸체보다 큰 물고기뿐만 아니라 도
롱뇽, 개구리도 서슴없이 잡아먹는다. 수서생물뿐 아니라 심지어 죽
어 있는 동물의 사체도 게걸스럽게 뜯어먹는다. 한마디로 물속곤충
의 난폭자다. 물방개를 보고 있노라면 육식동물인 흑표범과 하이에
나의 트랜스포머 합체를 연상하게 된다.

물방개*Cybister japonicus*와 비슷한 크기와 모양을 가진 물속곤충으로
물땡땡이*Hydrophilus acuminatus*가 있다. 어린 애벌레 시기에는 작은 동
물을 잡아먹기도 하지만 초식성이다. 겉보기와 달리 매우 순하다.

물방개, 2010.10.6. 울진 불영계곡, 물땡땡이, 2010.7.20. 울진 근남

물땡땡이는 물방개보다 한참 후에 수중에 들어와 적응했기에 물속
생활에 덜 적응되어 있다. 그 증거로 뒷발의 물갈퀴 역할을 하는 털
발이 물방개에 비해 덜 진화되었다는 점을 들 수 있다. 물속에서 추
진력과 방향전환을 하는 털이 아직 짧고 엉성하여 헤엄치는 데 아
주 서툴다.

물땡땡이와 물방개 구별하기

물속의 딱정벌레목은 통상적으로 육식성인 식육아목 물방개과
*Dytiscidae*와 잡식성인 다식아목 물땡땡이과 *Hydrophilidae*로 분류한다. 이
두 과는 물속에서 생활하기 때문에 육안으로 보기엔 비슷하다. 하
지만 쉽게 구별하는 방법이 있다. 헤엄치는 모습에 힌트가 있다. 꼬

물방개와 물땡땡이 뒷털발, 실체현미경 ×10배

마물방개와 물방개 등의 물방개과는 개구리가 헤엄치듯이 뒷다리를 동시에 움직이고, 애물땡땡이나 물땡땡이 등의 물땡땡이과는 사람이 물속을 걷듯이 뒷다리를 교대로 움직인다.

물속
환경 지킴이

수서곤충은 고생물학, 생물지리학, 생태학적인 면에서 지리적 다양성을 추구한다.
둠벙이나 연못 등의 독립된 생활환경에서 자기들만의 고유한 생태계의 평형을 이루며 살아가고 있어
외부에서 유입되는 이화학적 환경 요인에 민감하다.
이러한 생리적 특이성 때문에 집단의 생존이 심각하게 영향을 받는다.

전류에 민감한 반응을 보이는 생리적 특이성

수서곤충은 물의 움직임에 따라 크게 두 가지로 나눈다. 계곡이나 냇물처럼 흐르는 물에서 사는 유수성 곤충과 둠벙이나 연못처럼 정지해 있는 정수성 곤충이다. 물방개와 꼬마물방개는 유수성보다 정수성 곤충에 가깝다. 애벌레 역시 물속에서 생활한다. 모양은 가늘고 긴 원통형이고, 낫처럼 생긴 무시무시한 턱을 지니고 있다.

고향에서는 물방개를 쌀방개라고 하여 애완곤충으로 즐겨 길렀다. 더 흔한 물땡땡이는 보리방개라 하여 천하게 여겼다. 장날에 장터 한쪽 길거리에서 커다란 둥근 양철통에 빙 둘러 칸막이를 해놓

고 물속에 물방개 한 마리를 넣어두고 선택한 칸막이에 들어가면 돈 놓고 돈을 먹는, 속칭 야바위꾼을 자주 만날 수 있었다. 야속하게도 물방개는 손님이 선택한 칸에는 들어가지 않고 언제나 다른 칸에만 들어가곤 했다. 나중에 보니 양철 통 밑에 미세한 전류를 흘려보내는 장치를 만들어 눈속임으로 무지하고 순박한 시골사람들의 쌈짓돈을 갈취했던 것이다. 물방개가 무슨 잘못인가? 육상곤충들이 휴대폰에서 흘러나오는 전자파에 영향을 미치듯이 물방개는 미세한 전류에 민감한 반응을 보이는 생리적 특이성을 가지고 있다.

물속 생태환경 변화에 민감한 특이성

많은 수서곤충들의 성충은 물 밖에서 생활하지만 물방개나 꼬마물방개는 수중생활을 한다. 물속에서 생활하지만 물속에 녹아 있는 산소를 이용하기에는 너무 비효율적이다. 물속 산소를 체내에서 직접 받아들이기에는 확산의 정도가 미미하기 때문이다. 따라서 이들은 아가미 같은 기관을 만들어 살아가기보다 아예 수면 위 공기 중에서 산소를 직접 가져오는 쪽으로 진화했다. 산소를 물 밖 공기에서 얻는 길을 택해 고통을 감수하며 2차 적응을 끝낸 것이다. 평생 수면 위와 아래를 오르락내리락 자맥질을 하는 배경이다.

이들은 육상생활을 하는 대부분의 곤충에 비해 엄청 부지런히 움직여야 한다. 수서곤충의 어른벌레들은 몸에 빨대가 있건 없건 공기와 접한 수면 근처에서 물속을 들락날락하며 살아야 한다. 그렇기 때문에 수면에 떠 있는 기름이나 농약성분, 각종 부유성 쓰레기 더미에 노출되어 오염된 수중환경으로 인해 멸종되어갈 수밖에 없다. 물속의 온도변화, 농약, 산화물, 중금속과 같은 오염물질의 유입에 따라 고립된 생태계는 순식간에 파괴되는 위험성을 가지고 있다.

수서곤충은 물속 생태 환경 변화에 민감한 특이성을 가지므로 특정 오염물질에 대한 모니터링이 가능하다. 둠벙이나 저수지, 연못 등 독립된 수생태계에 환경 유해 물질의 유입을 감시하는 환경 감시원이다. 또한 군집과 개체 수를 조사하여 물속 환경 변화를 예측하고 환경을 보호하게 활동하는 환경 지킴이이기도 하다.

꼬마물방개

(*Bidessus japonicus*)

1. 분류 : 곤충강 딱정벌레목 물방개과
2. 크기 : 몸길이 약 2mm
3. 분포 : 한국, 중국, 일본 등
4. 생태 : 수중생활을 하지만, 생태 환경이 나쁘면 물에서 나와 하늘을 날아다니다가 둠벙 같은 맑은 물에 산다. 암컷은 초여름이 되면 애기부들, 골풀 같은 수변식물의 줄기를 뚫고 알을 낳는다. 다 자란 유충은 진흙을 파고 들어가 그 속에서 번데기를 거쳐 성충이 되는 완전변태를 한다. 털발이 있는 뒷다리와 타원형의 몸은 헤엄을 잘 칠 수 있도록 진화했다.

검은물잠자리는
사랑을 그린다

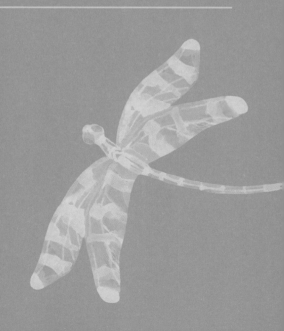

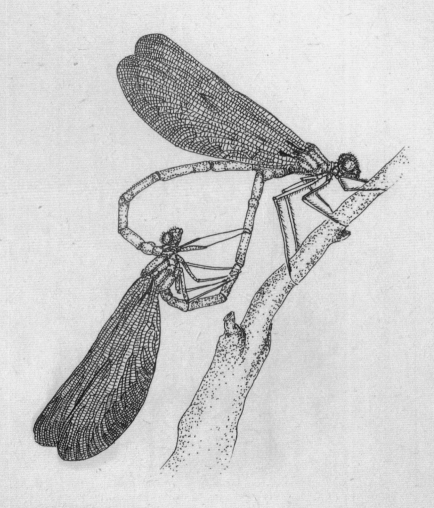

검은물잠자리. 종이에 펜, 점묘법

검은물잠자리

한실댁 천수답 논배미
불룩하게 배동한 벼이삭
이제 막 머리를 내밀 참에

청개구리 청아한 애기 울음소리
초저녁부터 다섯 참을 울어대야
새벽을 만든다는데

새상굴 골짜기 봇도랑
송사리 떼 소용돌이 춤 멈춰서고
버들강아지 물사래질*도 그치니
가재는 살그머니 자리를 비운다.

먼 데 수도원 사제가 울렸는가?
청동 빛 종소리 한 줄기

물비늘 벗겨 맑은 물에 씻긴 몸

불꽃 되어 숯으로 정제된 사랑의 고리

---

* 버들강아지 줄기가 물에 살짝 잠겨 물의 흐름에 따라 흔들거리는 모습. 필자의 시어

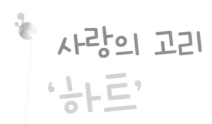

사랑의 고리 '하트'

검은물잠자리를 바라보고 있노라면 왠지 검은 옷을 입은 종지기 사제가 떠오른다.
저 멀리 종탑에서 치는 사랑의 종소리가 들리는 듯하다. '사랑의 고리'를 만들고 있는 수컷의 배는
금속광택의 청동 빛으로 사랑의 아름다움을 표현한다. 가끔씩 펼쳤다 접는 날갯짓은
수호천사의 메시지를 전달한다.

착시현상 속에 바라보는 의미심장한 하트

♡는 일반적으로 하트, 사랑 또는 하트 문양(무늬), 사랑 마크라고 일
컬어진다. 하지만 필자는 '사랑의 고리'라는 말이 더 어울린다고 생
각한다.* 연인들은 사랑을 표현할 때 열 손가락으로 또는 양손을 머
리 위로 치켜들어서 사랑의 고리를 만든다. 최근에는 간략하고 심플
하게 엄지와 집게손가락을 교차하여 사랑한다는 표식을 하기도 하
지만 정확한 하트 모양과는 거리가 멀다.

---

* 이 책에서는 일반적으로 많이 통용되는 '하트'로 통일하여 표기한다.

영어의 Heart는 심장, 가슴, 마음을 뜻한다. 하지만 이 세 가지 낱말에서 하트를 찾아보기란 쉽지 않다. 일반적으로 우리는 '하트' 하면 '심장'을 연상한다. 그러면서 으레 심장 형태도 ♡ 모양일 거라고 믿는다. 어쩌면 하트를 뜻하는 프랑스어 퀘르coeur의 뜻이 중심, 마음, 심장인 탓일지도 모른다. 하지만 이것은 탐구적인 사고의 첫 단추인 관찰에서 실체적 사실의 잘못된 입력의 산물로 두 번째 과정인 가설 설정의 오류에 기인한 것이다. 일반인이 쉽게 볼 수 없는 심장을 하트 모양으로 유추 연상하여 퍼뜨려진 군중의 착시현상이다.

기원전 4세기와 3세기를 제외하고, 13세기 말 레오나르도 다 빈치가 인체의 구조를 탐구하기 이전까지 서양에선 인체 해부를 금기시했다. 극히 일부 성인이나 왕족들의 시신에서 성스러운 모습을 찾아내기 위해 해부를 허용했을 뿐이다. 일반인은 심장을 꺼내본 적이 없기 때문에 심장의 모양을 정확히 알 수 없었을 것이다.

하트는 가슴이나 마음에서 느끼는 기호일까?

국립국어원의 표준국어대사전에 하트heart는 '트럼프 패의 하나. 붉은색으로 심장 모양이 그려져 있다'로 되어 있다. 이 정의는 해부학적 견해에서 보면 수정해야 마땅하다. 오히려 위키백과에 표기된 것처럼 '하트는 영성, 정서, 도덕, 지능, 사랑 등을 의미하는 기호이다'라는 내용이 좀 더 설득력 있다.

사람을 비롯하여 동물들의 심장을 보면 ♡ 모양과는 사뭇 다르다. 밤하늘에 떠 있는 실체적 달과 별은 둥글다. 마치 우리가 육안

캔버스에 오일

으로 관찰한 달과 별의 모습을 그린 것이 ☽과 ☆ 모양이라고 기호화하여 착각 속에 살고 있는 것과 같다. 컴퓨터에서 기호화한 하트의 설명은 U+2661 WHITE HEART SUIT로 하고, HTML 코드는 ♡ or ♡로 나타낸 것과 일맥상통한다.

가슴은 실체와 추상적 의미를 동반한다. 실존적 실체인 가슴은 위로 향하는 ω 모양일 뿐 하트 모양과 동떨어진 모습이다. 마음은

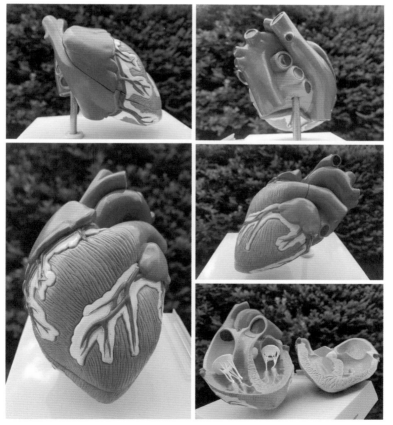

여러 방향에서 본 사람의 심장모형, 2017.6.9. 이흥준

비실존적 추상적인 정신세계의 가치부여 형태이므로 딱히 하트 모양이라고 나타낼 수 없다. 그런데도 사람들은 사랑에 열광하며 그 사랑의 표식이나 모양을 찾아 형상화하는 데 열중했다. 밤하늘에 끝없이 펼쳐지는 우주의 신비로움 속에 느껴지는 절대자의 사랑, 엄마의 포근한 품속에서 규칙적으로 뛰는 심장의 고동소리를 듣고 아기가 느끼는 사랑, 그리움에 사무쳐 마주친 연인 간의 따뜻한 포옹과 함께 느끼는 사랑은 모두 마음과 가슴으로 느끼는 사랑이다. 그렇다면 어디에서 사랑으로 유추할 수 있는 유의미한 모양인 하트를 형상화했을까?

사랑의 마음을 전달하는 표식 '하트'

하트는 성당이나 교회에서 '예수님의 피'를 상징하는 붉은 포도주를 담는 그릇인 성배(聖杯)를 일컬었다. 하지만 중세에 들어서면서 사랑의 징표로 변모하게 되었다. 최근에는 연인들 사이의 사랑뿐만 아니라 스승과 제자, 부모와 자식, 성직자와 신도 간에 사랑의 마음을 전달하는 표식으로 애용되고 있다.

자연에서 만나는 하트

일설에 의하면 하트는 그리스 신화에 나오는 담쟁이덩굴의 잎사귀 모양에서 나왔다고 한다. 사과를 반으로 자르면 하트와 비슷한 모양이 나오는데 이것을 사랑을 고백하는 도구로 사용하면서 전래되었다고 하는 설도 있다. 심지어 여성의 젖가슴과 엉덩이 모양을 하트 모양으로 형상화했다는 이야기도 있고, 남성의 성기 모양에서 유래되었다는 설도 있다. 그 밖에 여러 가지 설이 있지만 모두 떠도는 이야기일 뿐이다.

하트는 우리 주변 여러 생물 가운데서 찾아볼 수 있다. 먼저 식물 중에 남방부전나비 애벌레의 먹이식물인 괭이밥의 이파리가 하트 모양이다. 왕나비 애벌레의 먹이식물인 박주가리 잎이나 나팔꽃도 잎사귀가 하트 모양이다. 또한 갈구리나비 애벌레의 먹이식물인 냉이가 꽃을 피우고 난 씨앗도 하트 모양이다. 귀엽고 앙증맞은 사랑의 열매다. 길마가지나무의 복주머니 같은 빨간색 하트 모양의 열매는 보는 사람들로부터 '사랑스럽다'는 찬사를 받는다. 곤충 중에서는 에사키뿔노린재의 가슴과 배 사이의 등쪽 방패판에 새겨진 무늬나 마쓰무라꼬리치레개미의 배가 하트 모양이다. 이렇듯 생물들을 자세히 관찰해보면 하트 무늬나 모양들을 찾아볼 수 있다.

특이하게 사람들이 하트 모양으로 착각하여 사랑의 징표로 연인에게 선물하는 식물도 있다. 노랑나비 애벌레의 먹이식물인 토끼풀(클로버)이 바로 그것이다. 토끼풀 잎은 하트 모양이 아니다. 타원형의

마쓰무라꼬리치레개미, 2014.7.11, 경기 구리

▲▲ 괭이밥, 2018.7.14. 담양 삼만리
◀ 박주가리, 2018.7.10. 정읍 내장호변
▶나팔꽃잎, 2017.8.30. 호남기후변화체험관
▲ 냉이 씨앗, 2018.5.12. 담양 금성

부채꼴이다. 보통 기다란 잎자루에 잎이 세 장씩 나온다. 가끔 드물게 네 장씩 나오는 잎이 있는데 이 잎을 선물하면 '행운이 온다'는 유래가 있다. 잎뿐만 아니라 꽃으로 꽃반지나 꽃팔찌, 꽃목걸이를 만들어 연인에게 사랑을 표현하는 선물로 주기도 한다.

언제부터 하트 모양을 장신구로 사용했을까?

현존하는 가장 오래된 장신구용 하트 문양의 기원은 AD 1세기로 거슬러 올라간다. 아프가니스탄의 틸리야 테베 5호묘Tilya Tepe TombV에서 출토된 금과 터키석으로 세공한, 귀고리일 것으로 추정되는 유물이다. 이 보물들은 2016년 국립중앙박물관과 국립경주박물관에서 UNESCO 지원으로 '아프가니스탄의 황금문화'라는 타이틀 아래 열

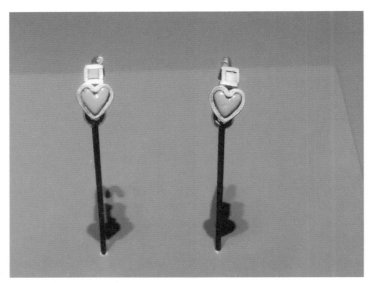

하트 문양 귀걸이, 금과 터키석 세공, 국립중앙박물관 전시 2016.7.4, 아프가니스탄 틸리야 테베 5호묘(Tilya Tepe Tomb V, AD 1세기)에서 출토

린 특별 전시회에서 소개되었다. 필자도 당시 이를 직접 관람하면서 깜짝 놀랐다. 물론 그 시대의 하트 문양이 요즘처럼 사랑 마크로 활용되었는가에 대한 정확한 자료는 없다. 하지만 귀에 부착할 정도로 인기 있는 모양이었다면 사랑의 징표로 사용되었을 가능성도 크다.

아프가니스탄은 지형적으로 서쪽으로는 터키-이탈리아-프랑스-이집트, 동쪽으로는 중국-한국-일본, 남쪽으로는 인도-인도네시아-버마-태국-베트남 등을 연결하는 문명의 교차로이다. 더불어 실크로드의 중요한 교역로다. 이 하트 문양도 실크로드를 통하여 외부에서 아프가니스탄으로 유입되었을 수도 있고, 아프가니스탄에서 만들어져 외부로 퍼져나가 전 세계적으로 사랑 받는 상징이 되었을 수도 있다.

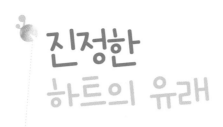

진정한
하트의 유래

이유야 어찌되었든 우리 인간들은 언제부턴가 하트 모양을 사랑의 상징으로 사용하기 시작했다. 이제는 "왜 하트 모양을 사랑의 표현으로 사용하느냐?"라고 따지는 사람이 없을 정도다. 그렇다면 자연에서도 ♀+♂ = ♡라는 사랑의 등식이 성립되는, 즉 몸과 마음으로 이루어진 하트가 있을까?

하트의 최초 설계자

잠자리목은 잠자리아목(불균시아목), 실잠자리아목(균시아목)과 두 아목의 중간단계인 옛잠자리아목으로 분류된다. 이 세 아목 중 사랑의 고리를 멋지게 만드는 것은 실잠자리아목이다. 실잠자리아목에는 실잠자리과_Agerionidae_, 방울실잠자리과_Platycnemididae_, 청실잠자리과_Lestidae_, 물잠자리과_Calopterygidae_의 네 과가 있다. 그중 검은물잠자리_Calopteryx atrata_를 비롯한 물잠자리과의 종들이 짝짓기를 할 때 온몸으로 오랫동안 사랑을 나눈다. 크고 우아한 ♡ 모양의 고리를 만들면서 사랑을 과시한다.

혹자는 "하트 모양은 남녀가 서로 사랑을 나누는 모양의 윤곽선"

이라고도 말했지만, "하트는 검은물잠자리 암수가 사랑을 나누는 모양에서 유래되었다"고 필자는 이 지면을 통해 감히 주장한다. 검은물잠자리의 짝짓기는 단순한 신체 접촉만의 교미 행위가 아닌 진정한 가슴으로 나눈 사랑이기 때문이다. 검은물잠자리는 약 3억 년 전부터 온몸으로 사랑하면서 하트를 만들었다. 하지만 인류는 겨우 4~5백만 년 전에 탄생했을 뿐이다. 검은물잠자리가 최초로 출현한 3억 년을 하루로 환산하면 인간은 겨우 24분밖에 안 되는 아주 짧은 삶을 살았다. 이 짧은 기간 동안 살았던 인류가 어찌 저 검은물잠자리의 성스러운 사랑을 이해하겠는가?

검은물잠자리의 하트 만들기

어떤 사람은 검은물잠자리 같은 미물이 어찌 숭고한 사랑을 생각할 수 있느냐고 반문할 것이다. 이런 속단은 인간의 입장에서 내린 것이다. 곤충은 36억 년 전, 즉 지구 탄생 이후 4억 년 전 출현하여 유구한 세월 동안 험난한 기후 변화와 자연환경 변화에 대응하며 적응해왔다. 모든 조직과 기관은 다분화되었고, 인간이 감히 상상할 수 없을 만큼 폭발적으로 발달을 거듭했다.

검은물잠자리도 마찬가지다. 이들은 상상할 수 없는 첨단의 생체 시스템에 의존해 살아간다. 고도로 발달된 정신과 육체의 삶을 누리며 살아가고 있다. 이런 복잡 다양한 진화의 결과로 검은물잠자리는 성스러운 사랑을 나눈다. 하지만 인간들은 이 사랑의 행위를 하찮은 벌레가 쓸데없는 짓을 하는 것으로 치부한다. 인간의 인식체계로는 도저히 이해할 수 없는 한계점일 수밖에 없다.

　일각에서는 검은물잠자리의 사랑과 번식을 규명했다며 각종 논문을 쏟아낸다. 하지만 이것은 검은물잠자리의 입장에서 볼 때 극히 일부분인 얄팍한 지식을 나열한 것일 수 있다. 앞에서 언급했듯이 지구 생태계 전체로 볼 때 아주 짧은 기간밖에 존재하지 못한 인간이 수억 년을 진화해온 검은물잠자리의 깊은 속사정을 어떻게 알 수 있겠는가? 아마 속속들이 알려면 앞으로 수억 년을 더 탐구해야 할 것이다. 그래서 인간들은 종종 이렇게 이야기한다. "그건 곤충의 본능이지." 편하고 수월하게, 하등동물의 행동양식이라고 규정하고 무시하는 것이다. 검은물잠자리를 무뇌충 같은 벌레로 치부하면서.

　그러나 과연 섹스 행위가 만물의 영장인 인간에게는 사랑이고, 곤충에게는 그저 짝짓기나 교미일까? 검은물잠자리는 육체적인 사랑을 통한 종족 번식과 정신적인 지고지순한 사랑을 동시에 하고 있다. 아이러니하게도 인간은 이 모습을 보고 하트를 발견하고 '사랑의 고리' 디자인을 고안해냈을 테고, 그 모양을 본떠 사랑을 표현하고 전달해왔을 터인데도!

사랑의 고리 하트,
그 불편한 진실

검은물잠자리는 잠자리아목의 다른 잠자리들처럼 배마디를 짧게 하여 비행 능력을 높이는 방향으로 적응하지 않았다. 빨리 날아다니는 것보다 종족 번식을 최우선으로 했기 때문이다. 그래서 배마디를 길게 하여 짝짓기의 어려움을 해소하는 쪽으로 진화해왔다.

왜 배를 활처럼 구부려 하트를 만들까?

검은물잠자리는 사랑을 나눌 때 특별한 생식구조를 형성하는 쪽으로 수억 년 동안 진화했다. 검은물잠자리의 배는 전체 몸길이의 대부분을 차지할 정도로 굉장히 길다. 이 배는 자손 번식을 위해 특화된 사랑을 위한 도구의 일부분이다. 사랑을 향한 도끼질의 기다란 도끼자루의 길잡이 역할을 하는 것이다.

모든 잠자리의 수컷에겐 외부 생식기가 2개씩 있다. 검은물잠자리도 예외가 아니다. 제9배마디에 있는 제1생식기(제1성기, 정소)에서 만들어진 정자는 교미기에 제2~3배마디에 있는 제2생식기(제2성기, 부성기)로 옮겨지는데 이것을 이정행위移精行爲라고 한다.

　대부분의 곤충이 짝짓기할 때 뒤에서 껴안을 수 있도록 중요하게 쓰이는 다리가 검은물잠자리에게는 무용지물이다. 대신 검은물잠자리의 사랑 나누기는 다른 곤충들이 전혀 생각하지 못한 독특한 구조로 행해진다. 특허권을 소유한 셈이다. 수컷이 배 끝의 제10배마디에 2쌍의 교미부속기[*]를 만들어 암컷 앞가슴의 뒤쪽[**]을 단단히 움켜쥐는 것으로부터 시작된다. 이 특허 기술은 짝짓기 상태에서 비행해도 암컷이 도망가지 못하고 동행할 수 있도록 특화되었다.

　수컷의 제2생식기는 제2~3배마디에 있고 암컷의 생식기는 제8배마디에 있다. 암컷이 배를 활처럼 구부려야 수컷의 제2생식기에 암

---

[*]　파악기(clasper, 把握器). 생식기가 변형된 것이다.
[**]　사람으로 치면 목 뒤쪽인 목덜미 부위이다.

컷의 제8배마디 생식기가 교접할 수 있도록 되어 있다. 자연스럽게 하트 모양인 우아한 사랑의 고리를 만들게 된다.

이들의 짝짓기는 암컷이 자신의 생식기를 수컷의 생식기에 가져가야 비로소 이루어진다. 즉, 암컷이 배우자를 선택하고 도움을 주어야만 짝짓기가 가능한 것이다. 어느 한쪽의 일방적인 사랑이 아닌 서로 간의 교감이 이루어지고 합의가 있어야만 사랑을 나눌 수 있는 것이다. 지극히 합리적인 성 평등을 실현하는 아름답고 성스러운 곤충이 바로 검은물잠자리다.

수컷이 등 뒤에서 짝짓기를 하지 못하는 이유

잠자리목은 다른 곤충에 비해 날개의 진화가 더디게 진행되었다. 나비목이나 딱정벌레목 등의 신시군(新翅群)처럼 날개를 접어 몸에 바짝 붙이지 못한다. 이들은 원시적인 날개를 지닌 고시군(古翅群)에 속하는데,[***] 고시군에는 언제나 날개를 옆으로 펼치고 살아가는 부류와 세로로 세우고 살아가는 부류가 있다.

그중 잠자리아목 모든 종과 실잠자리아목 청실잠자리과의 청실잠자리 등 일부 종은 비행기처럼 날개를 접지 못하고 평생토록 양옆으로 펼치고 생활한다. 짝짓기를 할 때 펼쳐진 날개 때문에 신시군의 다른 곤충들처럼 수컷이 등 뒤에서 껴안을 수가 없는 것이다.

[***] 곤충은 날개가 없는 무시류(無翅類)와 날개가 있거나 이차적으로 날개가 없는 유시류(有翅類)로 분류되며, 유시류는 다시 날개를 접을 수 없는 고시군(古翅群)과 날개를 접을 수 있는 신시군(新翅群)으로 분류된다.

또 다른 부류인 검은물잠자리를 비롯한 대부분의 실잠자리아목은 날개를 접기는 하지만 날개를 배의 등 쪽과 겨드랑이에 바짝 붙이지 못한다. 날개를 접었다기보다 가슴과 배의 등 쪽에 양쪽 날개를 부엌 칼등처럼 세로로 나란히 세워놓는 형태다. 이것 역시 등 뒤에서 밀착하여 껴안기가 거북할 수밖에 없다. 검은물잠자리는 이런 불합리한 조건에서도 당연히 자손을 번식해야 하기 때문에 복잡하지만 나름대로 하트 모양의 특이한 짝짓기 형태로 사랑을 나누는 부속기관을 고안하는 기지를 발휘한 것이다. 오로지 자손 번식만을 위한 '몰방汶放진화'를 해온 셈이다.

잠자리아목은 현생에 살기에 비교적 잘 적응·진화해온 반면 실잠자리아목인 검은물잠자리엔 살아 있는 화석이라고 하는 옛잠자리

물잠자리 암컷.
날개끝에 연문(가두리 문양)이 있지만, 검은물잠자리 암컷은 없다.

아목 유전자의 흔적이 아직도 남아 있다. 날개가 좁고 배가 길어 비행 속도가 느리고 순간 이동과 방향 전환이 더딜 수밖에 없다. 따라서 천적에게 쉽게 잡아먹힐 확률이 높다.

실잠자리 등은 체구가 작아 물가의 풀숲에 숨어 살면서 천적을 피해가지만 검은물잠자리는 물잠자리 _Calopteryx japonica_ 와 함께 체구가 커서 숨어 살기가 마뜩치 않다. 그나마 다행스러운 것은 날개가 검은색이라 수십 마리가 군집하여 물가에서 날개를 폈다 접었다 하며 앉거나 날고 있으면 천적이 이에 위협을 느낀다는 점이다. 살아가는 데 잠자리아목에 비하여 생태적 진화는 덜 됐지만, 자손 번식을 위한 생식적 진화는 나름대로 잘 되었다. 검은물잠자리와 물잠자리 등 실잠자리아목은 잠자리아목에 비하여 배의 길이가 상대적으로 길기 때문에 아주 우아하고 성스러운 하트를 만들 수 있다.

은밀한
진화

검은물잠자리의 암수 생식기 구조는 신기하게도 인간의 생식기와 너무나도 흡사하다.
그렇다고 검은물잠자리가 인간의 모습을 닮아가는 것은 아니다.
도리어 인간이 검은물잠자리의 생식기를 따라 진화하고 있다고 보아야 할 것이다.

내부 생식기의 특화된 진화

인간의 생식구조는 검은물잠자리에 비하여 엄청나게 허술한 구조다. 계통 발생학적으로 검은물잠자리는 약 3억 년 전 고생대 석탄기부터 진화를 거듭해왔고 인간은 기껏해야 5백만 년밖에 안 된다. 검은물잠자리에 비하면 진화의 역사가 아주 짧은 셈이다.

　검은물잠자리 수컷의 생식구조를 보면 음경대^{자루, penis shaft}에 인간이 가지고 있지 않는 음경각^{뿔, horn of penis}이라는 독특한 구조의 부속기가 하나 더 있다. 이것은 성기 속의 작은 성기로 갈고리처럼 구부러진 모양이다. 용도에 대해서는 여러 가지 학설이 있지만 크게 두 가지로 볼 수 있다. 하나는 다른 수컷이 먼저 사정한 정자를 몸 밖으로 끄집어내어 제거하는 역할을 한다. 검은물잠자리의 정자는 사람의 정자와 달리 시간이 지나면 약간의 탄성과 견고성을 가진 젤 gel 상태로 되기 때문에 밀어내어 긁어내기가 가능하다. 또 다른 하나는 교접한 상태에서 동행 비행을 할 때 삽입한 성기가 빠지지 않도록 단단히 얽어매는 갈고리 역할을 하는 것이다.

암컷의 생식기 역시 복잡한 구조로 되어 있다. 질vagina, 膣과 교미낭bursa copulatrix, 交尾囊과 수란관oviducts, 受卵管 등 인간의 생식기 구조와 너무나 흡사하고 정교하다. 여기에 인간이 가지고 있지 않는 수정낭spermatheca, 受精囊이라는 독특한 구조가 가미된다. 수정낭은 정자를 오랫동안 보관하고 있으면서 필요할 때마다 요긴하게 꺼내어 산란에 사용하는, 일종의 정자 보관 창고다. 이 수정낭이야말로 100여

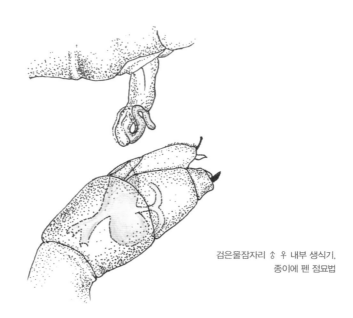

검은물잠자리 ♂ ♀ 내부 생식기.
종이에 펜 점묘법

개의 알을 낳을 수 있도록 고안된 진화의 결정체다. 특별한 비장의 무기가 없고 연약한 검은물잠자리로서는 지구의 험한 세상에서 버티기가 여간 힘들지 않았을 것이다. 오로지 다산으로 승부를 거는 특화된 은밀한 비밀 창고가 곧 수정낭이다. 이 수정낭 덕분에 이들은 여전히 잘 살아가고 있다.

우스갯소리지만 인간이 만약 앞으로 검은물잠자리처럼 3억 년 이상을 살 수 있다고 가정할 때 2억9천5백만 년이 지나면 수컷의 갈고리 같은 음경각과 암컷의 수정낭이 인간에게도 생겨 검은물잠자리의 생식기능을 수행하게 될지도 모른다.

치밀하게 각본을 짠 정자 다툼

수컷의 자기 유전자 번식 본능은 소름이 끼칠 정도로 치밀게 구성된 시나리오다. 신체적·정신적으로 정교한 고도의 전술적 장치를 고안하는 쪽으로 진화해왔다. 그야말로 생식만을 위한 투쟁이다. 다른 수컷이 짝짓기를 하고 있는 중에도 공격하여 암컷을 빼앗아 겁탈한다. 이는 남의 애인을 슬그머니 새치기하거나 보쌈해가는 정도가 아니다. 고대 전쟁터에서 적군에 침입하여 여인들을 난폭하게 강탈해가는 꼴이다. 그야말로 강한 자만이 살아남는 약육강식의 현장을 보여준다. 찰스 다윈이 『종의 기원』에서 이야기했던 자연선택설의 적자생존survival of the fittest, 適者生存을 통한 진화의 방향성을 적나라하게 보여준다.

검은물잠자리의 수컷은 생식기의 끝부분인 귀두부가 사람처럼 송

이버섯 모양으로 뭉툭하게 생겼다. 짝짓기를 시작하여 음경이 삽입되면 이 귀두부를 잔뜩 부풀린다. 여기엔 여러 가지 이유가 있다.

우선 가장 큰 이유는 이미 짝짓기가 끝난 상태의 암컷의 교미낭 속에 들어 있는 다른 수컷의 정자를 밖으로 밀어내버리기 위함이다. 이때 남근각horn of penis으로 긁어 밖으로 내버리고 자신의 정자를 주입한다. 마치 뻐꾸기가 붉은머리오목눈이*의 둥지에 알을 낳아 기르게 하는 탁란托卵과 비슷한 행태다. 뻐꾸기 새끼가 자라면서 자기보다 작은 붉은머리오목눈이의 새끼를 둥지 밖으로 밀어내는 행동과 유사한 것이다.

또 다른 이유는 자리 정렬 및 재배치다. 암컷 생식기 내부에는 정자를 저장하는 수정낭이 있다. 수정낭은 한 개의 관이 갈라져 두 가지로 길게 펼쳐진 꼬부라진 기다란 시험관처럼 생겼다. 이 수정낭에는 기존의 다른 수컷이 방사한 정자가 미리 자리를 잡고 있다. 하지만 여기에도 신비한 비밀이 숨어 있다. 암컷은 싱싱한 새로운 정자를 받아들이기 위해서 수정낭에 먼저 들어온 기존의 다른 수컷의 정자를 가득 채워놓지 않는다. 저장된 정자들은 암컷이 생명을 다할 때까지 오랫동안 보관되어 산란 필요 시 자주 꺼내어 사용한다. 새로운 수컷이 사정을 하고 부풀려진 귀두부로 밀게 되면 이미 들어간 다른 수컷의 정자는 안으로 밀려들어가고 갓 들어온 정자가

---

* 일반적으로 '뱁새'라고 부른다. 30~40마리가 무리지어 갈대숲이나 대숲 울타리를 부산하게 이동한다. 이것은 앞에 가는 새가 흔들고 헤집어놓으면 벌레들이 움직여 뒤에 따라가는 동료가 잡아먹도록 협동작전을 펼치는 것이다.

바깥쪽을 차지한다. 마치 콩나물시루와 같은 혼잡한 지하철을 타고 내릴 때 먼저 탄 사람을 안으로 밀어 붙이고 나중에 탄 사람은 입구 쪽에 있다가 다음 정거장에 내릴 때에는 제일 먼저 내리는 원리와 비슷하다. 자신의 정자가 바깥에 있어야 제일 먼저 수정에 사용될 수 있기 때문이다.

마지막 이유는 질 속에 사정한 나머지 정자가 수란관 바로 입구에 배치되어 곧바로 수란관에 들어갈 수 있도록 새치기 작전을 하는 것이다. 새치기는 가장 야비한 방법이긴 하지만 자신의 DNA을 번식하기 위해 낙하산이나 급행열차를 타는 식으로 수행하는 극단적인 처방이다. 한편 배우자인 암컷의 입장에서도 가장 신선하고 튼튼한 정자를 받는 것이 건강한 자손을 생산할 수 있기에 오히려 바람직한 일이기도 하다.

검은물잠자리가 오랫동안 사랑의 고리를 만들며 짝짓기를 하는 데에는 나름대로 은밀한 이유가 있었다. 이와 같이 생식기 내에서 다른 개체의 정자를 긁어내어 제거하거나 구석으로 밀어붙이고 새치기 하는 일련의 치밀한 생식작전을 벌이는 데 많은 시간을 소모하기 때문이다. 실제로 자신의 정자를 주입하는 시간은 불과 몇 분이 안 된다. 그래도 자신의 유전자를 지키는 데 안심할 수 없다. 검은물잠자리 수컷은 짝짓기 상태에서 산란할 때 시간을 끌며 버티기 작전에 돌입한다. 다른 수컷이 자기 자신의 정자를 밀어내지 못하도록 지켜내기 위하여 긴 시간 동안 하트를 만들고 있는 것이다.

하지만 안심하기엔 이르다. 비록 짝짓기가 끝났더라도 수컷은 교

등줄실잠자리의 산란부도 및 경계, 2016.6.30. 담양 메타세쿼이아길로 도랑

미 부속기로 암컷의 목덜미를 움켜쥐고 앞에서 이끌고 날며 암컷이 산란할 수 있도록 기꺼이 동행 비행을 한다. 마지막으로 암수가 분리되어 암컷이 떨어져 나가도 마음을 놓지 못한다. 산란하는 암컷의 주위를 맴돌며 다른 수컷이 접근하지 못하도록 날개를 접었다 폈다 하는 경고신호를 보내며 밀착경호를 한다. 수정된 자기 자신의 정자를 지키기 위하여 끊임없이 왔다갔다 순찰을 도는 것이다. 이른바 산란경호이다. 검은물잠자리의 집착에 가까운 듯한 밀착행동은 언뜻 병적으로 보이기도 하지만 실은 세월이라는 강물 속에 DNA의 실타래를 풀어헤치기 위한 전략이라고 볼 수 있다.

곤충의 분류표에서 검은물잠자리 찾아가기

- 곤충강
  (Insecta)
  ── 무시아강
     (Apterygota)
     (날개가 없음)
     ── 돌좀목, 좀목

  ── 유시아강
     (Pterygota)
     (날개가 있음)
     ── 고시군
        (Paleoptera)
        (날개를 못 접음)
        ── 하루살이목

        ── 잠자리목
           (Odonata)
           ── 옛잠자리아목
              (Anisozygoptera)

           ── 잠자리아목
              (Epiprocta)

           ── 실잠자리아목
              (Zygoptera)
              ── 물잠자리과
                 (Calopterygidae)
                 ── 검은물잠자리

     ── 신시군
        (Neoptera)
        (날개를 접음)
        ── 나비목, 딱정벌레목 등 나머지 목 대부분

금지된
사랑

국립국어원의 표준국어대사전은 사랑이란 단어를 '어떤 사람이나 존재를
몹시 아끼고 귀중히 여기는 마음. 또는 그런 일'이라고 명시해놓았다. 좋아하면
소중히 아끼라는 도덕률을 제시한 정의다. 잘못된 사랑의 행위는 지울 수 없는
화인(火印)으로 부메랑이 되어 자신에게 되돌아오기 때문일까?

잘못된 사랑의 열쇠

세계 어느 나라에나 유명 관광지를 가보면 사랑의 열쇠고리(자물쇠)
를 채우는 코너가 있다. 아마도 연인끼리 사랑의 마음이 하나가 되
어 영원토록 행복하기를 바라는 마음에서 자물쇠를 채울 것이다.
하지만 환경오염과 안전문제가 크게 대두되고 있다. 우리나라도 남
산 서울타워를 비롯해 전국의 유명 관광지마다 사랑의 열쇠고리 때
문에 몸살을 앓고 있다. 철로 된 자물쇠의 무게로 난간이 위험하게
되고 불필요해진 열쇠를 아무 데나 버려 환경오염을 일으킨다.

특히 자물쇠를 거는 판이 강이나 바닷가에 설치된 곳에서는 자

물쇠를 채우고 난 다음 열쇠를 강물이나 바다 속에 던진다고 한다. "자물쇠를 푸는 열쇠를 영원히 찾을 수 없어야 사랑이 깨지지 않는다"는 궤변과 함께 말이다. 정말 그럴까? 그런 행동을 하는 사람들의 사랑이 영원할까? 그렇지 않을 것이다. 그런 몰지각한 짓을 하는 사람들이 사랑인들 올바로 할 수 있겠는가? 그나마 다행인 것은 열쇠를 버리지 않아도 되는 자물통을 개발하여 시판하고 있다는 점이다. 사랑하는 연인끼리 사랑의 징표를 남기고 싶어 하는 마음은 충분히 이해한다. 아름다운 마음이기도 하다. 다만, 좀 더 바람직한 사랑의 표현이 아쉬울 따름이다.

추잡한 사랑은 상처를 남기고

사랑의 표식인 자물통 사랑은 그래도 낫다. 이보다 더 추잡한 사랑의 행위를 하는 사람들도 있다. 바로 살아 있는 나무에 자기의 이름과 좋아하는 사람의 이름을 새기고 그 두 이름 사이에 사랑의 표식을 칼로 새기는 짓을 자행하는 이들이다. 자신들의 사랑이 영원하기를 바라며 살아 있는 생물에게 상처와 아픔을 주는 행위야말로 몰상식한 행동이다. 식물도 인간과 똑같은 생명을 가지고 있다. 다른 생명체에게 아픔과 상처를 주는 못된 사람이 무슨 연인과의 따뜻하고 애틋한 사랑을 하겠는가?

필자의 고향인 담양의 '죽녹원'에도 그릇된 사랑의 표식이 수없이 새겨져 있다. 대는 특이하게 온몸이 초록색으로 착색되어 있다. 우리 눈에 식물이 초록색으로 보인다는 것은 엽록소가 있다는 뜻이다. 엽록소는 광합성을 하는 중요한 요소다. 광합성 식[*]을 보면 이산화탄소를 사용하여 햇빛을 받아 산소를 내놓는다. 자동차 배기가스의 대부분을 차지하는 물질이 이산화탄소다.

산소는 우리 호흡에 절대적으로 필요한 생명을 지켜주는 물질이다. 대나무는 다른 나무와 달리 특이하게 줄기까지 초록으로 물들어 있다. 이것은 줄기까지 광합성을 하고 있다는 증거이다. 대숲에 들어가면 신선한 공기에 몸과 마음이 깨끗해짐을 느낄 수 있는데, 한마디로 힐링이 되기 때문이다. 대숲의 한여름 피톤치드 phytoncide 의 배출량은 편백나무 숲의 두 배나 된다. 또한 대나무는 이산화탄소 저감능력이 소나무와 비교했을 때 네 배나 크다. 소나무는 대나무처럼 사시사철 푸른 상록수다. 상록수와 비교하지 않고 낙엽수와 비교하면 더 많은 차이가 날 것이다. 낙엽수는 가을부터 이른 봄까지 잎이 없어 광합성을 하지 못하기 때문이다.

이런 대나무의 줄기에 낙서를 한다는 것은 대나무를 훼손하는 것뿐만 아니라 엽록소를 긁어내어 광합성을 못하게 하는 행위다. 이산화탄소를 줄이지 못하고 산소를 생산하지 못하게 하는 몰지각한 행동이다. 사랑의 글씨를 새긴 대나무는 100년까지도 사는데 100년 동안 수치스러운 이름이 새겨져 있다면 얼마나 불쾌할까? 이런 사람들은 깊고 애정 어린 사랑을 나눌 수 있는 사람이 아니다. 식물에 이름을 새긴 즉시 상대방에게 마음의 칼로 파낸 상처와 아픔만 남

---

[*]
            햇빛
            ↓
$6CO_2 + 12H_2O \rightarrow C_6H_{12}O_6 + 6O_2 + 6H_2O$(포도당)

기고 헤어질지도 모른다.

옛날 우리 선인들은 대단한 기록문화를 가지고 있었다. UNESCO 에 등재된 우리나라의 기록 유산은 훈민정음을 비롯하여 조선왕조 실록, 해인사 대장경판 등 세계 어느 나라에도 뒤지지 않는 방대한 기록들이다. 하지만 이제 몰지각한 후손들이 또 다른 그릇된 사랑 의 기록들을 곳곳에 남기고 있다. 심지어 만리장성에도 한글로 낙 서하여 국제적인 망신을 사고 있다.

성스러운 하트는 내 가슴에 새기는 것이지 다른 곳에 새기는 것 이 아니다. 특히 생물체인 식물이나 영원히 보존해야 할 문화재 등 곳곳에 문신을 새기는 못된 행동들을 우리의 주인공인 검은물잠자 리는 어떻게 생각할까?

검은물잠자리

(Calopteryx atrata)

1. 분류 : 곤충강 잠자리목 물잠자리과
2. 크기 : 애벌레 - 약 28mm, 어른벌레 - 약 48mm
3. 분포 : 한국, 중국, 일본 등
4. 생태 : 성공적인 종족 번식을 위하여 사랑의 고리(♡) 형태의 특이한 짝짓기로 사랑을 나누는 독특한 형태의 생식기 구조인 부속기관을 형성하는 쪽으 로 진화해왔다.

대나무에 새긴 이름들, 2017. 10. 29, 담양 죽녹원

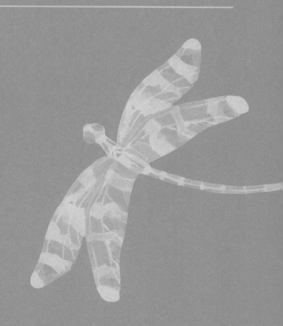

왕사마귀는
댄스 배틀을 좋아해

왕사마귀. 한지에 먹

왕사마귀

바스락!
'쓰-윽' 45도
삼각 머리 먹이 따라 사선을 긋고
째려보는 눈빛 촉각을 곤두세운다.

때마침
왕사마귀 잔꾀를 부리는데
입은 달싹달싹 주문을 외고
온몸을 좌우로 흔들며 춤을 춘다.

잔뜩 홀린 실베짱이
안절부절못하는 사이
살기殺氣는 벌써
기다란 목줄 따라 앞질러 간다.

톱니발이 '번쩍'
내 가슴도 따라 '철렁'
정지된 시간 팽팽한 긴장
댓잎마저 바르르 떨고 있다.

영혼의 기氣가 흐르는 춤사위

왕사마귀는 몸을 좌우로 부드럽게 서서히 움직이지만 그 속에는 삶과 죽음을 넘나드는 기氣가 흐른다.
지극히 절제된 춤사위는 섬세하나 그 속에 살벌한 독기가 서려 있다.
발끝에서 머리끝의 더듬이까지 생명력 있는 움직임이 숙명으로 표출된다.
몸짓은 안개처럼 부드러우며 유연하다.

왕사마귀의 춤은 사냥전술인가?

집 앞 대숲에 실베짱이 한 마리가 댓잎 사이로 슬그머니 머리를 내
민다. 기다렸다는 듯이 왕사마귀*Tenodera sinensis*가 물체의 움직임을 포
착하고 역삼각형의 머리를 피사체 쪽으로 돌려 째려본다. 사마귀의
살기 어린 눈빛에 먹잇감은 그대로 굳어버린다. 톱니발*을 치켜들고
숨죽여 미동도 하지 않고 빤히 응시하는 왕사마귀와 촌철살인의 안
광에 감전된 실베짱이 한 마리. 마치 영화에서 일본 무사가 일본도

---

* 톱니처럼 가시돌기가 있는 낫 모양의 사마귀 앞발 모양. 필자의 조어다.

를 치켜들고 길목을 지키고 있는 모습을 보는 것처럼 오싹함이 밀려온다. 살의殺意는 시신경을 따라 대뇌를 거치고 긴 목을 따라 톱니발로 전해져 신경 전달 물질이 소름끼치는 장면을 연출한다.[**]

주위는 쥐 죽은 듯이 고요하고 참매미 우는 소리 또한 그쳤다. 팽팽한 긴장 속에 댓잎마저 바르르 떤다. 1초, 2초, 3초 쳐다보고 있는 내 심장이 쿵쾅쿵쾅 목덜미가 싸늘함을 느낀다.

그때 마침 왕사마귀가 잔재주를 부린다. 입을 오물오물하며 톱니발을 치켜들고 뒷발을 이용하여 몸을 좌우로 움직이며 춤을 춘다. 왕사마귀 춤은 춤처럼 보이지만 춤이 아니다. 오랜 세월 숲속 사냥터에서 사냥해오는 동안 나름대로 터득한 고도의 사냥 전술이다. 왕사마귀는 사정거리 안에서 어떤 사냥감이 포착되었다가 사라지면 쉽게 포기하지 않는다. 비장의 무기인 춤을 활용하여 사냥을 한다. 왕사마귀의 춤은 밸리댄스나 라틴댄스처럼 화려하거나 격렬하지 않다. 해탈을 위한 승무처럼 느릿느릿하다. 춤은 저속으로 돌아가는 카메라처럼 매우 유연하다.

모차르트의 레퀴엠requiem[***]이 생각나는 움직임이다. 생사를 넘나드는 자비와 연민과 영원한 사랑이 담겨 있다. 레퀴엠을 듣고 있노라면 마음속 깊이 안식을 찾아 떠나는 내세의 저승여행을 동행하는 자신을 발견할 수 있을 것이다.

[**] 왕사마귀의 신경전달 체계: 감각뉴런(눈)→연합뉴런(뇌)→운동뉴런(톱니발)
[***] 진혼곡(鎭魂曲)이라는 뜻으로 죽은 사람의 영혼을 달래기 위한 미사 음악을 이른다.

왕사마귀는 왜 춤을 출까?

왕사마귀가 춤을 추는 데엔 특별한 이유가 있다.

첫째, 숨죽여 엎드려 있는 먹잇감을 움직이게 하기 위해서다. 곤충들은 포식자와 맞닥뜨리면 생사의 갈림길에서 살아남기 위한 모든 방법을 동원한다. 제일 먼저 바짝 엎드려 동상처럼 움직이지 않고 포식자가 지나갈 때까지 버틴다. 다음으로 더듬이를 포함한 시각, 청각, 후각, 피부감각 등 오감을 활용하여 방어막을 친다. 이렇게 하면 대부분의 포식자에게는 잘 통한다. 하지만 왕사마귀에게는 상황이 다르다.

둘째, 정확한 먹잇감의 거리를 재기 위해서다. 움직이지 않고 숨어 있는 생명체의 위치를 정확하게 포착하기 위해 역으로 자신이 몸을 움직이는 것이다. 왕사마귀의 눈은 수많은 낱눈이 모여 이루어진 겹눈이다. 겹눈의 가장 큰 특징은 각각의 낱눈이 물체를 따로따로 보기 때문에 움직이는 물체를 잘 볼 수 있는 구조라는 점이다. 사냥을 위한 3차원적 거리 측정 능력을 갖추고 있어 3D화면을 인식할 수 있다.

셋째, 몸을 좌우로 움직이면 자신의 몸이 더 크게 보이는 착시현상을 일으키게 한다. 곤충의 눈에는 물체가 모자이크 상으로 보인다. 물체가 흐릿하게 보이며 천천히 움직이게 되면 굉장히 큰 물체로 보이게 되는 착시현상을 유발한다. 마치 육상선수가 100m 달리기를 할 때 카메라 셔터를 느리게 조작해놓으면 잔상이 남아 여러 동작이 파노라마처럼 넓게 찍히는 효과와 흡사하다.

넷째, 사냥감을 홀리고 만찬의 향연을 만끽하기 위해서다. 전쟁에는 으레 춤이 동반된다. 아프리카 마사이족이나 뉴질랜드 마오리족 전사들은 전쟁을 떠나기 전에 무사의 춤을 추고 무사안일을 기원하며 전쟁터에 나갔다. 뉴질랜드에서는 국기 종목인 럭비시합을 하기 전에 식전행사로 꼭 전사의 군무를 추고 시합에 나간다. 아직도 전사들의 춤이 전통으로 이어져 내려오고 있는 것이다. 임진왜란 때에도 아군의 수가 많아 보이게 하려고 달밤에 강강술래 춤을 추었다. 징과 북과 꽹과리와 장구를 치며 왜군을 홀렸다.

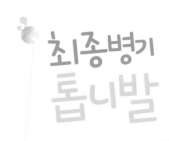

최종병기
톱니발

사마귀목(目)에 속하는 왕사마귀는 암컷의 몸길이가 70~95mm,
날개를 펼친 길이는 110~120mm에 이를 만큼 대형 곤충이다. 앞다리의 톱니발을 이용한 집중력과
지능적인 포획으로 사냥 실력이 뛰어나다. 이름처럼 곤충 중에서 최상위 포식자에 속한다.

순간의 선택은 생사의 갈림길이 되고

왕사마귀는 눈에 띈 피사체를 날카로운 톱니발로 잽싸게 낚아챈다.
사냥 시간은 불과 0.25초로 눈 깜짝할 순간이다. 이 톱니발에 걸려
든 곤충은 거의 100% 빠져나갈 수 없다. 물론 상위 포식자인 말벌
이나 장수말벌과의 싸움에서는 톱니발을 벌에 물려 결박을 풀 수밖
에 없지만. 톱니발은 톱과 낫을 합친 구조이다. 손으로 잡으면 손가
락을 쥐고 있는 힘이 너무 세기 때문에 날카로운 톱니에 상처가 난
다. 왕사마귀는 먹잇감을 잡은 즉시 주저하지 않고 목 부위를 물어
뜯어 신경을 마비시킨 뒤 곧바로 머리부터 씹어 먹는다.

왕사마귀의 식성은 대단하다. 주로 잡아먹는 곤충은 작은 곤충들이 대부분이다. 하지만 곤충뿐만 아니라 움직이는 물체는 모두 다 톱니발로 잡으려고 덤벼든다. 환형동물인 지렁이를 비롯한 연체동물 민달팽이, 다지강인 노래기, 그리마 등 땅 위를 기어 다니는 생물들은 쉽게 처리한다. 자기보다 덩치가 큰 양서강인 개구리는 물론이고 파충강인 도마뱀, 작은 새끼 뱀, 조강인 날아다니는 작은 새, 심지어 포유강인 생쥐도 잡아먹는 무시무시한 톱니발 공격력을 자랑한다.

왕사마귀가 최종병기인 톱니발을 이용해 순간적으로 먹잇감을 낚아채는 기술은 육식곤충 중에서 단연 최고다. 이때의 사냥감은 대부분이 곤충이다. 하지만 곤충들은 결코 만만한 상대가 아니다. 이들은 대개 최하위 소비자이기에 생존전략상 의태와 위장술이 매우

왕사마귀 톱니발, 실체현미경 ×8배, 2015.9.16, 담양 학동

뛰어나다. 주위 환경에 잘 적응되어 있고, 포식자에게 잡아먹히지 않기 위해서 민첩하게 활동하도록 진화해왔다. 때로는 뛰어서, 때로는 날아서 재빨리 숨거나 도망간다. 포식자에게 들키지 않게끔 순간 이동을 잘한다.

그렇다고 이런 곤충들에게 마냥 헛발질만 할 수는 없다. 왕사마귀는 다른 곤충들에 비해 잘 달리거나 잘 나는 편이 아니다. 사냥을 위한 철저한 준비와 기획과 작전이 필요하다. 순간의 선택이 하루의 배고픔을 좌우하기 때문이다. 왕사마귀에겐 배고픔의 문제이지만 또 한편 곤충 입장에서는 죽고 사는 문제이기도 하다.

왕사마귀의 살의는 인간들이 저지르는 살인과는 전혀 다르다. 자연생태계에서 먹고 먹히는 먹이사슬의 한 축에서 벌어지는 지극히 자연스러운 살상행위이기 때문이다. 인간사에서처럼 도덕률의 잣대를 적용할 수 없는 문제이기도 하다. '왕사마귀는 사악하고 실베짱이는 선하다'는 개념은 차원이 다른 인간의 입장에서 생각하고 접근한 것이니까.

당랑권법과 당랑거철

왕사마귀는 움직이는 물체를 만나면 상대방이 크건 작건 가운뎃다리와 뒷다리를 지면에 앙 버티고 일어선 자세를 취한다. 특히 덩치가 큰 생물에게는 몸을 좀 더 커다랗게 보이기 위하여 날개를 펼쳐서 사나운 기세로 달려든다. 막대기나 손으로 건드리면 도망치기보다는 오히려 톱니발을 쳐들고 위협하며 대든다. 사실 도망치지 않는 것이 아니라 도망갈 수 없는 처지이다. 어차피 도망갈 수 없는 입장에서 살아남기 위한 생존방식이다.

앞다리의 톱니발을 권투선수처럼 앞으로 치켜들고 공격과 방어 모드로 접어든다. 촉각은 곤두서 있고 시선은 정면을 향하여 온 신경은 임전태세의 흐트러짐 없는 살충병기로 둔갑한다. 사마귀의 이런 자세를 보고 창안한 권법이 당랑권법螳螂拳法이다.

당랑권법은 중국 북쪽지방 산동성山東省에서 사마귀의 싸움 자세를 보고 개발 전수되어진 북파권법으로 알려져 있다. 사마귀처럼 좁은 공간에서 손과 발을 이용한 짧고 신속한 타법으로 근접전을 펼칠 때 겨루는 권법이다. 특히 당랑수螳螂手라는 사마귀 앞다리의 톱니발 형태를 모방한 빠르고 강한 손놀림이 특징이다.

중국의 『한시외전韓詩外傳』과 『회남자淮南子』, 『장자莊子』 등에 당랑거철螳螂拒轍*이라는 고사성어가 나온다. 춘추시대 제齊나라 장공莊公이 타고 가는 수레바퀴 앞에서 톱니발을 도끼처럼 휘두르며 길을 가로막고 서 있는 곤충이 있었다. 이것을 보고 장공이 마부에게 무슨 곤충이냐고 물었다. "사마귀라고 합니다. 앞으로 나아갈 줄만 알지 물러설 줄 모르는 놈입니다. 제 분수도 모르고 함부로 날뛰는데 어떻게 할까요?" 장공이 말했다. "저 곤충이 사람이라면 천하의 용사가 되었을 것이다. 수레를 옆으로 피해 돌아가도록 하라"하고 사마귀가 비록 미물이지만 경의를 표했다는 이야기가 전해진다.

---

* 사마귀가 수레를 막아선다는 뜻으로 제 역량을 생각하지 않고, 강한 상대나 되지 않을 일에 덤벼드는 무모한 행동거지를 비유적으로 이르는 말이다. 『장자』의 「인간세편(人間世篇)」에 나오는 말이다.

아마도 길가에는 임금이 지나가니 많은 신민들이 나와 고개를 숙이고 머리를 조아리며 경의를 표하고 있었을 것이다. 오히려 임금이 일어서서 사마귀에게 경의를 표했다니 아이러니하게도 그때의 사마귀가 왕사마귀였을지도 모른다. 당랑거철은 분수를 모르고 무모한 짓을 하는 어리석은 사람을 비꼴 때 쓰는 말이지만 자연에서는 사마귀의 강하고 용맹한 살신성인의 생존전략으로 보아야 할 것이다.

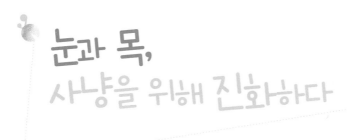

눈과 목,
사냥을 위해 진화하다

왕사마귀는 기다란 가슴 위에 역삼각형 머리를 솟대처럼 올려놓고
양쪽 꼭짓점에 툭 튀어나온 눈을 매달고 있다. 볼수록 우스꽝스러운 모습의 곤충이다.
긴 목을 바짝 세우고 조금이라도 높은 곳에 눈을 올려놓아야 사냥감을 잘 볼 수 있는
방향으로 특화된 진화를 해왔다.

툭눈이의 꼭짓점 구조

왕사마귀의 눈은 대부분의 곤충 눈이 그렇듯이 홑눈과 겹눈구조이
다. 홑눈은 물체의 모양이나 색깔 등을 보지 못하고 밝고 어두운 명
암만 느낀다. 이마에 역삼각형 보석 같은 게 세 개 박혀 있다. 이 붉
은색의 루비는 그냥 묻혀 있는 것이 아니다. 원통형의 헤드라이트
랜턴을 켜고 있는 형상이다. 역삼각형의 아래에 있는 눈은 정면을
향하고, 위쪽에 있는 두 눈은 왼쪽과 오른쪽을 향하고 있다. 비록
명암만 느끼는 눈이지만 정면과 좌우를 커버할 수 있도록 넓은 시
야를 확보하는 형태로 진화해왔다.

겹눈은 머리 양쪽에 두 개의 커다란 반구형 모양이다. 수많은 낱

눈들이 겹쳐서 이루어진 눈이다. 두 겹눈을 구성하고 있는 낱눈은 약 1만 개 정도이다. 형태와 색체, 운동하는 물체를 감지한다. 편광을 통해 물체를 볼 수도 있다. 가시광선뿐만 아니라 인간이 볼 수 없는 자외선까지 구별한다. 특히 움직이는 물체를 가장 잘 볼 수 있도록 발달되어 있다. 각각의 낱눈이 차례로 운동 자극에 반응하므로 살아 있는 먹이를 포착하는 데 탁월한 능력이 있다. 사람의 눈처럼 카메라 구조가 아니기 때문에 정확한 초점을 맞출 수는 없다.

숨어 있는 사냥감이 안심 반 호기심 반 기웃거리며 조심조심 움직이면 툭 튀어나온 눈으로 포착한다. 돌출된 눈은 중세 유럽 고성固城을 떠오르게 한다. 성채城砦의 높은 망루望樓에서 망을 보는 형태와 흡사하다.

왕사마귀의 눈은 역삼각형 머리의 양쪽 모서리인 꼭짓점에 붙어 있다. 이 툭눈이[*]의 꼭짓점 구조는 어느 사냥동물에서도 볼 수 없는 사냥만을 위한 독특한 구조로 발달해왔다. 꼭짓점에 붙어 있기만 해도 양쪽 눈 모두 300^{**}씩 볼 수 있다. 여기에 두 꼭짓점을 감싸듯 붙어 있는 반구형 눈은 좀 더 넓은 시야를 확보하고 있다. 더군다나 유연한 목의 회전운동 능력으로 앞뒤상하 좌우 360° 모두 커버한다.

마지막으로 피사체에 초점을 맞추는 데 방해받지 않도록 턱을 최대한 깎아내어 나머지 한 개의 꼭짓점인 입을 예각으로 만들었다.

---

* 머리에서 툭 튀어나온 돌출된 눈. 필자의 신조어

** 왕사마귀의 머리는 거의 정삼각형 구조이다. 삼각형 내각의 합은 180°이므로 한 꼭짓점의 각은 180° ÷3=60°가 된다. 왕사마귀의 한쪽 눈이 볼 수 있는 외각은 당연히 360°-60°=300°가 된다.

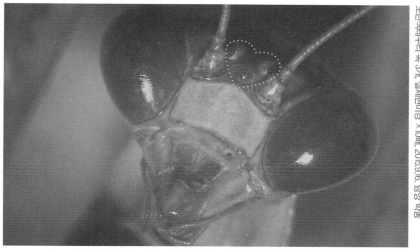

왕사마귀 겹눈과 홑눈
노란색페트리 속 3개, 실체현미경 ×10배, 2015.9.16, 담양 학동

거의 정삼각형의 얼굴 구조를 이루는 쪽으로 진화해왔다. 대장간 장인이나 만들어낼 수 있는 치밀한 살충병기다. 오로지 살육 관찰만을 위해 수없이 두드려 담금질한 살벌하고 섬뜩한 눈과 머리구조다.

눈으로 본 살기는 시신경을 따라 뇌로 전달된다. 뇌는 엄청나게 짧은 촌음의 시간으로 톱니발에게 명령을 내린다. 뇌의 지시에 따른 톱니발은 아바타가 되어 거침없이 다음 행동을 이끌어간다.

저 기다란 게 목이 아니라 가슴이라고?

전체 몸길이의 1/3(약 35%)이 넘는 기다란 목[***]은 확 트인 시야를 확보해주어 사냥감을 찾는 데 유리하도록 발달되었다. 사실 여기서

[***]　이 글에서는 왕사마귀의 앞가슴과 가운뎃가슴을 목으로 기술했다.

호엔잘츠부르크 성(Hohensalzburg Fortress)의 망루, 2017.10.14, 오스트리아

말하는 왕사마귀의 목은 학술적으로 목이 아니라 정확히 앞가슴과 가운뎃가슴의 합체라고 해야 옳다. 하지만 목이라고 표현해도 큰 무리가 없다. 목과 비슷한 기능을 하고 있기 때문이다.

목이 긴 생물로 기린을 제일 먼저 떠올린다. 기린은 목이 전체 몸길이의 약 34%를 차지한다. 왕사마귀야말로 긴 목의 왕좌를 차지해도 손색이 없다. 기린은 초식동물로 높은 나뭇가지의 잎사귀를 뜯어먹기 위하여 진화해온 생물이다. 하지만 왕사마귀는 육식동물이다. 육식동물로서 목이 긴 생물은 드물다. 목이 짧으면 그만큼 사냥감을 찾을 때 시야확보에 애를 먹는다. 치타는 높은 동산이나 바위 위에서 망을 보거나 멀리 있는 사냥감을 찾는다. 반면에 표범 같은 사냥동물은 나무 위에 올라가서 시야를 확보한다.

왕사마귀는 치타나 표범처럼 잘 달리는 동물이 아니다. 걷거나 달리기에 아주 불편한 다리 구조를 가지고 있다. 앞다리는 걷기보다는 사냥을 위한 도구인 톱니구조로 적응되어 있다. 가운뎃다리와 뒷다리의 허벅지와 종아리는 벼메뚜기의 뒷다리 허벅지처럼 알통이 나와 있지 않고 빈약하다. 다리가 허약하기에 뛰거나 달릴 때 움직임이 둔하고 어설프다. 나약한 다리는 앞을 향하지 못하고 악어처럼 어정쩡하게 벌어져 있어 보행에 불편한 모습으로 생활하고 있다. 그렇다고 멀리 잘 날 수 있는 것도 아니다. 뒷날개를 펼치면 비교적 크고 넓은 편이다. 하지만 날개와 뒷가슴을 이어주는 근육이 잘 발달되어 있지 않다. 근섬유가 조밀하지 않고 엉성하여 비행 능력이 현저히 떨어진다. 더군다나 자손 번식을 위한 암컷의 배는 비대하여 무게가 많이 나가기 때문에 재빨리 날 수도 없다.

잘 날거나 달릴 수 없는 왕사마귀로서는 먹고사는 데 특화된 비장의 카드가 필요하다. 그것이 바로 사정거리 안의 좁은 사냥터에서 사냥감을 잘 찾도록 가슴을 엿가락처럼 길게 늘이는 방향으로 적응하고 진화해온 배경이다.

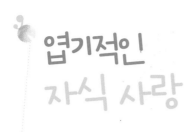

엽기적인 자식 사랑

왕사마귀는 교미를 하며 암컷이 수컷을 잡아먹는다. 실로 엽기적인 사랑이다.
물론 이 가증스런 살상행위는 종족 번식을 위한 것이다. 또한 이들은 겨울 추위로부터
알을 보호하기 위해 에어백으로 따뜻한 요람을 만들어놓고 세상을 떠난다.
미물이라 무시하기엔 놀라운 자식사랑이다.

짝짓기할 때 수컷을 잡아먹는 이유

여름에 성충이 되어 초가을에 짝짓기를 마친 암컷은 산란을 많이
하기 위해 왕성한 먹이 사냥에 나선다. 심지어 짝짓기를 하고 있는
상태에서 수컷까지 잡아먹어 산란에 필요한 고단백질 영양분을 보
충한다.

번식기가 되면 암컷은 페로몬을 퍼뜨려 수컷을 유혹한다. 수컷은
이 페로몬에 이끌려 암컷에게 다가가지만 매우 조심성 있게 접근해
야 한다. 암컷의 뒤에서 접근해야지 앞에서 얼쩡거렸다가는 짝짓기
도 하기 전에 잡아먹힐 수가 있다. 교미할 때 모든 수컷이 잡아먹히

는 것은 아니다. 교미를 마치고 무사히 살아남아 다른 암컷과 여러 번 교미하는 수컷도 있다. 참 재주가 좋은 녀석이다.

연구 결과 계절적으로 일찍 성충이 된 암컷이 첫 번째 짝짓기를 할 때 수컷을 잡아먹는 확률이 높고, 두 번째 짝짓기부터는 잡아먹는 확률이 감소한다. 반면에 늦게 성충이 된 암컷은 첫 번째 짝짓기를 할 때 수컷을 잡아먹는 확률이 일찍 성충이 된 암컷보다 확연히 낮다.

알집에서 막 부화한 왕사마귀 약충*의 암수 성비는 1:1로 비슷하다. 하지만 수컷은 암컷보다 몸이 가벼워 활동성이 좋다. 여기저기 많이 돌아다니는 수컷은 천적에게 더 많이 노출되어 잡아먹히는 확률이 높아 번식기가 가까워질수록 수컷이 훨씬 부족하다.

암컷은 수컷을 잡아먹어 영양분을 섭취하는 무조건적인 자식사랑만을 하지 않는다. 오히려 왕사마귀는 종족을 보존하기 위해 수컷의 개체 수가 암컷보다 적어져 암수의 성비가 깨지면 짝짓기 할 때 수컷을 잡아먹는 확률을 줄이는 방향으로 진화해왔을 것이다.

짝짓기 중에 암컷이 수컷을 잡아먹는 경우를 관찰해보면 머리부터 씹어 먹는다. 왕사마귀의 머리에는 중추신경이 있는데 머리가 사라지면 조절신경이 마비되어 짝짓기는 계속 유지된다. 또한 암컷이 수컷을 잡아먹었을 때 암컷이 낳은 알의 수량이 더 많아진다니 왕사마귀의 엽기적인 사랑은 아이러니하게도 자손 번식을 위한 애증의 관계인가 보다.

---

* 왕사마귀처럼 번데기 과정이 없는 불완전변태를 하는 곤충의 유충이다.

산란의 비밀

곤충들은 알이나 애벌레, 번데기, 성충 상태로 겨울을 난다. 가을에 알을 낳는 곤충들은 추위와 천적으로부터 알을 보호하기 위하여 특별한 장소에 알을 낳는다. 벼메뚜기 등 메뚜기목은 땅속에, 물방개 같은 수서곤충은 물속이나 수초를 뚫고 그 속에 알을 낳는다. 사슴벌레나 장수풍뎅이 등 딱정벌레목은 고목나무 속이나 퇴비더미 속에 알을 낳아 안전하게 보호하고 있다. 노랑쐐기나방 등 일부 나비목의 종들은 달걀 같은 단단한 껍질의 고치를 만들어 번데기를 보호하고 있다. 더군다나 껍질에 흑갈색의 위장 곡선을 세로로 그려넣어 먹이식물의 나뭇가지에 과감하게 노출시킨다.

노랑쐐기나방 고치, 2009.11.4. 울진 근남

고치에서 우화(羽化)하는 노랑쐐기나방, 한지에 먹

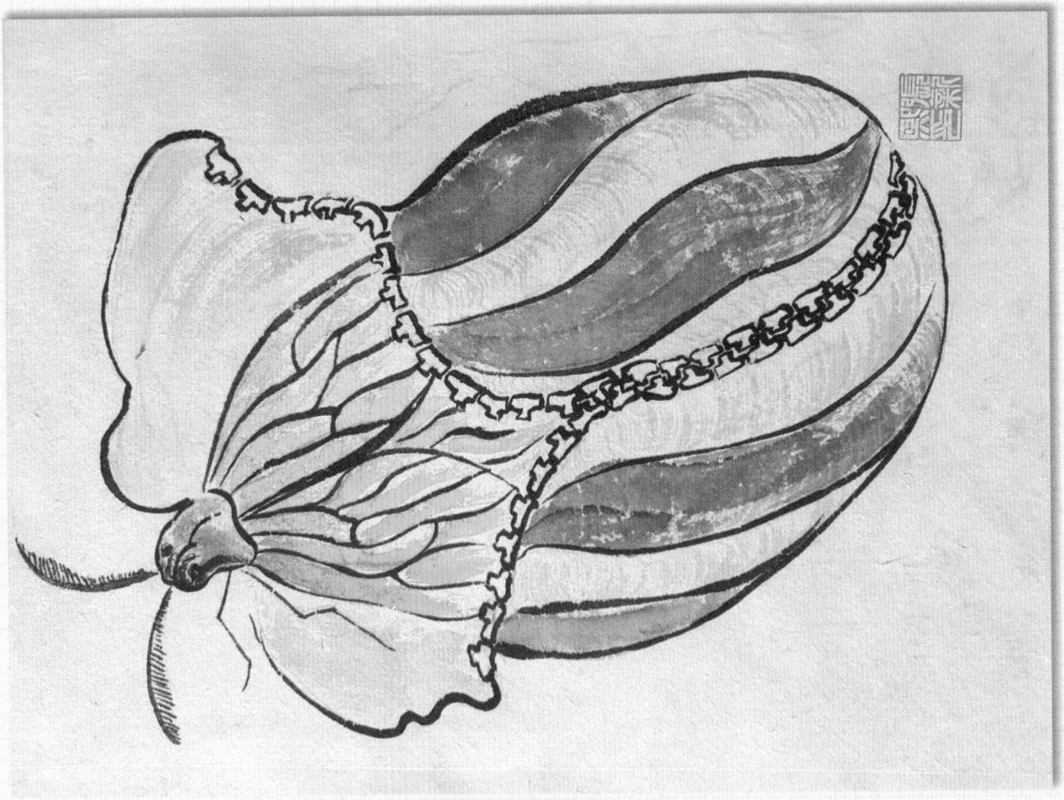

왕사마귀는 알 상태로 겨울을 나기 때문에 추위에 얼지 않도록 알을 보호하는 장치를 마련해야 한다. 어미가 알을 낳을 때 알과 함께 녹말풀처럼 끈적거리고 본드처럼 단단한 거품으로 공기방을 만든다. 추위를 막아주는 에어캡air-cap, 흔히 말하는 뽁뽁이로 알집을 만들어 알을 보호하는 것이다. 알집 속에는 공기층이 있어 추운 겨울에도 알이 살아 있는 상태로 잘 보존된다.

왕사마귀는 나뭇가지나 담벼락, 차가운 바위 등 아무 곳에나 알집을 만든다. 노출된 상태로 알을 낳아도 추위에 끄떡없기 때문에 알 낳는 장소를 가리지 않는다. 물론 갈색으로 위장하여 겨울의 주변 색과 조화를 이룸으로써 눈에 잘 띄지 않게 하는 전략도 빼놓지 않는다. 왕사마귀의 알 성분은 대부분이 단백질과 지방인데, 알을 감싸고 있는 알집은 단백질 막으로서 두꺼운 솜이불 역할을 한다.

봄이 되면 애벌레인 약충이 깨어난다. 약충은 날개만 없지 모습과 습성은 성충과 똑같다. 어른벌레처럼 살아 있는 생물을 잡아먹는 육식성이다. 알집에서 나온 새끼 떼를 밀폐된 좁은 공간에 놓아두면 자기들끼리 서로 잡아먹어 나중에는 결국 한 마리만 남는다. 종족살해와 살육본능은 '세 살 버릇 여든까지 간다'는 속담처럼 태생 본능이라 죽을 때까지 간다.

물속으로 빠져들게 하는 메커니즘

왕사마귀에 기생하는 '연가시'는 왕사마귀의 뇌를 조종하여 물속으로 뛰어들게 한다.
또한 사람에 기생하는 '메디나충'은 감염된 사람의 소화관을 뚫고 나와 발까지 내려가 수포를 형성한다.
뜨거운 통증 때문에 물속으로 들어갈 수밖에 없도록 하는 것이다.

뇌를 조종하여 좀비로 만드는 연가시

2012년 여름에 개봉한 영화 〈연가시〉는 많은 사람에게 우려를 안겨 주었다. 비록 가상으로 설정된 이야기지만 기생충 감염을 통한 의료 재난 영화이기 때문에 더욱더 관심이 집중되었다. 영화를 보면 '연가시'에 조종당한 사람들이 유혹에 빠져 물에 뛰어드는 장면이 나오는데 이에 대한 궁금증이 꼬리를 물고 이어지면서 센세이션을 일으켰다. 영화 〈연가시〉에서는 제약회사가 왕사마귀 같은 곤충에 기생하는 연가시의 변종을 만들고 이것이 인간에게 감염되면서 비극이 벌어진다. 변종 연가시가 사람에게 기생하면 인간의 뇌를 조종하여 목이 말라 강으로 들어가 물에 빠져 죽는다는 황당한 시나리오이다.

생물학적으로 가능한 이야기일까? 연가시가 인간에게 기생하여 인간을 중간 숙주로 삼는 경우는 아직까지 학계에 보고된 바 없다. 인간은 정온(항온)동물이다. 연가시가 적응해서 살기에 36.5℃는 꽤 높은 온도다. 더구나 외부 항원이 들어오면 방어기제로 체온을 40℃까지 올려 몸을 보호한다. 생리식염수 등 항상성 유지를 위한 이온 농도 차이도 많이 나 연가시가 사람에게 기생하기란 현실적으로 불가능하다. 연가시는 변온동물이다. 곤충 같은 변온동물을 중간 숙주로 삼아 곤충의 몸과 물속을 오가는 기생생활 메커니즘으로 오랜 세월 적응·진화해왔다.

왕사마귀에 기생하는 연가시*Gordius aquaticus*는 몸길이가 20~70cm의 흑갈색이다. 실뱀이나 철사벌레라고도 하며 우리나라 전역에 살고 있다. 물속으로 들어가 알을 낳으면 알은 1차 중간숙주인 수서곤충이 먹는다. 이 수서곤충은 최종 숙주인 왕사마귀에게 잡아먹힌다. 연가시는 왕사마귀의 몸속으로 들어와 기생하며 양분을 빼앗아 먹는다. 초가을 무렵 연가시가 성체가 되어 짝짓기를 할 때가 되면 신경조절물질로 왕사마귀의 뇌를 조종하여 왕사마귀가 물가로 가도록 유도한다. 연가시가 왕사마귀의 뇌를 교란하는 기작은 아직 정확하게 밝혀지지 않았다. 연가시가 분비하는 신경조절물질과 왕사마귀 신경전달물질이 유사하기 때문에 왕사마귀는 자신의 의지에 따라 물속으로 간다고 착각하고 있을지도 모른다.

물속에 뛰어들면 연가시는 왕사마귀의 항문으로 나와 물속으로 들어간다. 이때가 되면 호수 주변이나 개울가의 도로변에 차에 치어

왕사마귀에서 절반쯤 나오고 있는
연가시 표본,
2008.11.11. 울진 불영계곡

죽은 사마귀의 배에서 나온, 가늘고 기다란 철사처럼 생긴 연가시
가 말라 있는 것을 자주 목격할 수 있다.

사람을 물속으로 뛰어들게 하는 메디나충

연가시와 같이 숙주인 사람을 물속으로 유인하여 물속에 산란하는
기생충이 있다. 하지만 영화 〈연가시〉처럼 사람의 뇌를 조종하여 물
속으로 유도하는 것은 아니다. 아프리카에서 주로 발생하는 메디나
충*Dracunculus medinensis*은 몸길이가 70~150cm의 대형 기생충이다. 기
니아충이라고도 한다. 사우디아라비아의 메디나 지역의 오염된 오아
시스에서 발생하여 퍼져나갔다. 사람과 개가 중간 숙주로 주로 발에
기생한다.

감염 경로는 물속의 메디나충 유생이 1차 중간 숙주인 물벼룩 같은 작은 갑각류에 먹힌다. 이후 메디나충에 감염된 갑각류가 있는 물을 마시면 최종 숙주인 사람에게 옮겨간다. 시간이 지나 위장에서 빠져나온 유생은 소화관 벽을 뚫고 사람의 발까지 굴을 파고 이동한다. 이때 유생은 변태하여 성체가 된다. 번식을 위해 발의 피하조직에 커다란 수포를 만들어 피부를 뚫고 나온다. 감염된 사람이 뜨거운 통증에 열을 식히기 위해 물속으로 들어가면 물속에 알을 낳는다. 이 메디나충은 연가시처럼 스스로 사람의 발을 뚫고 나오지 못하고 물에다 산란만 한다.

　과학과 의학의 발달에도 불구하고 1m에 가까운 기생충을 몸에서 제거하는 치료법은 아직까지 찾아내지 못했다. 오로지 고대 이집트의 파피루스에 기록된 전통적인 방법으로밖에 할 수 없다. 발을 물에 담근 후 막대기에 기생충의 머리부터 조심스럽게 감아내어 천천히 빼내는 물리적인 단순한 방법 외에는 특별한 방법이 없다. 이렇게 기생충을 제거하는 데에는 몇 시간에서 때로는 수개월이 걸린다. 자칫 잘못하여 메디나충이 살 속에서 끊어지면 2차 감염이 되거나 석회화되어 장애가 될 수 있다니, 참으로 끔찍한 기생충이다.

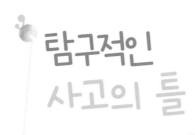
탐구적인
사고의 틀

필자가 곤충을 곤충류(類)로 표기하지 않고 곤충강(class, 綱)으로 표기하는 것은 학문적인 분류체계에 기인하기 때문이다. 학문적인 분류단계는 계(kingdom, 界)→ 문(phylum, 門)→ 강(class, 綱) → 목(order, 目)→ 과(family, 科)→ 속(genus, 屬)→ 종(species, 種)으로 계통화해 있다.

왕사마귀를 왜 곤충이라고 부를까?

척추동물을 분류할 때 일반적으로 어류, 양서류, 파충류, 조류, 포유류로 사용해왔다. 이것은 과거 일제 강점기에 사용했던 일본의 교재를 수십 년 동안 우리 과학 교과서와 생물 교과서에 그대로 베껴왔기 때문이다. 더불어 일본식 교육을 받은 교수와 교사들이 그렇게 가르쳐왔다. 지금도 많은 교수와 교사들이 아무 생각 없이 '-류類'로 가르치고 있다.

-류는 인위적 분류체계이기 때문에 아무 생물에게나 모아서 붙일 수 있다. 예를 들면 사람도 벌레류나 짐승류에 넣을 수 있다. 그렇기 때문에 못된 사람을 부를 때 "야, 이 벌레야", "이 짐승 같은 놈아"라

고 말한다. 왕사마귀는 동물계界→척추동물문門→곤충강綱→사마귀목目→사마귀과科→왕사마귀속+종種이라는 학문적인 분류 체계로 분류된다. 그러나 벌레는 벌레계, 벌레문, 벌레강, 벌레목, 벌레과, 벌레속이나 벌레종이라는 어느 것도 학문적 분류체계에 없다.

그래서 자주 듣는 질문이 "거미는 왜 곤충이 아닌가요?", "거미는 왜 곤충 속에 안 들어가나요?" 등등이다. 거미는 학문적 분류체계에서 곤충강과 마찬가지로 거미강에 속한다. 즉 둘 다 같이 '강class. 綱'이라는 틀 위에 있다. 족보에서 말하는 항렬이 같은 셈이다. 지위가 동등하기 때문에 질문하는 사람이 "나는 바보요" 하는 꼴이 된다. 곤충류가 아닌 곤충강으로, 거미류가 아닌 거미강으로 학문적인 분류 체계인 '-강'으로 가르치고 배웠으면 이런 어리석은 질문을 하지 않았을 것이다. 혹자는 친절하게 "곤충류는 발이 세 쌍이고, 거미류는 네 쌍이다. 곤충류는 겹눈이 있고 거미류는 없다. 곤충류는 몸이 세 부분으로 나누어져 있고, 거미류는 두 부분으로 나누어진다"는 등 장황하게 설명한다. 이것은 분류체계의 본질을 언급하지 않는 어리석은 질문과 대답이다.

최근에 교과서와 참고서적을 보면 곤충류를 곤충강綱으로 바꾸고 있는 추세다. 참으로 다행스러운 일이다. 척추동물도 당연히 어강, 양서강, 파충강, 조강, 포유강으로 불려야 한다.

사마귀목目의 손쉬운 구별법

학문적 분류체계에서 사마귀목目은 자연 상태에서 그냥 육안으로 보아 종을 동정[*]하기가 쉽지 않다. 겉날개만 보아서는 거의 비슷하다. 또한 겉날개는 갈색형과 녹색형, 그리고 중간 단계가 있다. 암수의 크기도 확연하게 차이가 난다. 대부분 수컷이 암컷보다 훨씬 작다. 암컷은 자손 번식을 위하여 많은 수의 알을 생산하여 체내에 안전하게 보관해야 하기 때문이다. 수컷이 작기 때문에 자칫 다른 종으로 잘못 동정할 수도 있다.

보다 더 쉽고 빨리 정확하게 구분할 수 있는 방법이 있다. 사마귀의 속날개를 펼쳐보는 것이다. 하지만 이 사납고 까칠한 녀석을 손으로 잡아 날개를 펼친다는 것이 그리 쉬운 일은 아니다. 사마귀의 방어 자세를 잘 관찰해보면 해법이 있다. 한 손으로 어르고 다른 손으로 재빨리 사마귀의 긴 목 뒷덜미를 잡고 날개를 펼쳐보면 된다. 이때 톱니발이 머리 뒤까지 자유자재로 움직이므로 조심해야 한다. 장갑을 끼고 잡으면 손쉽고 안전하게 펼쳐볼 수 있다.

왕사마귀^{Tenodera sinensis}의 속날개인 뒷날개를 펼쳐보면 가슴 밑 부분기부를 중심으로 보랏빛을 띤 갈색의 무늬가 그러데이션으로 넓게 퍼져 있다. 반면에 사마귀^{Tenodera angustipennis}는 조그만 갈색 띠가 옅고 길게 형성되어 있어 쉽게 구분된다. 왕사마귀와 사마귀는 암수 모두 겉으로 보아서는 구별하기가 쉽지 않다.

넓적배사마귀^{Hierodula patellifera}는 머리나 가슴과 배의 굵기가 왕사마귀와 비슷하지만 전체적인 몸의 길이가 45~75mm로 왕사마귀보

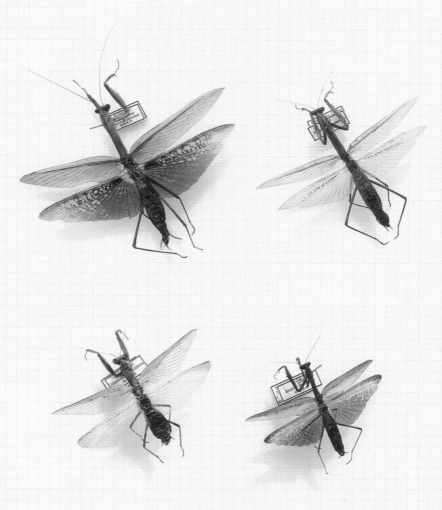

왕사마귀, 사마귀,
넓적배사마귀, 좀사마귀의 뒷날개 펼친 표본

다 확연하게 짧다. 날개를 펼쳐보면 속날개에 무늬가 없고 투명하다. 겉날개가 짙은 초록색으로 색감이 시원하니 좋다. 더구나 몸길이가 짧아 앙증맞게 생겨서 사마귀 마니아들에게 인기가 좋다. 날개를 펼쳐 보면 뒷날개 무늬가 거의 없이 맑고 투명하다.

좀사마귀*Statilia maculata*는 전체적으로 왕사마귀를 2/3 정도로 축소 해놓은 작고 앙증스러운 자태를 뽐낸다. 펼쳐진 날개의 문양도 왕사 마귀의 무늬처럼 갈색이 산재해 있다. 물론 날개뿐만 아니라 전문가 가 볼 때에는 더듬이의 길이라든가 겹눈의 모양, 몸의 크기 등을 보 고 네 종을 구분할 수 있지만 말이다.

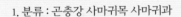

왕사마귀

(Tenodera sinensis)

1. 분류 : 곤충강 사마귀목 사마귀과

2. 크기 : 몸길이 70~95mm

3. 분포 : 한국, 일본, 중국, 동남아시아

4. 생태 : 곤충 중에서 최상위 포식자에 속하며 해충을 잡아먹어 농사에 도움을 주는 천적곤충이다. 육식성 곤충으로 버마재비라고도 한다. 암컷은 짝짓기 중에 수컷을 잡아먹을 때도 있다. 산란에 필요한 고단백질 영양분을 보충하기 위한 모성애 습성이다.

당랑거철, 캔버스에 수채

내리사랑의 아이콘 모시나비

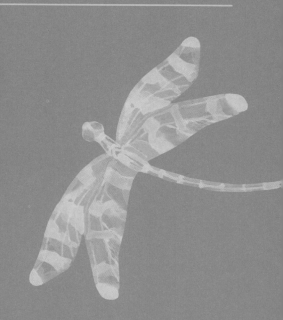

모시나비, 한지에 먹

모시나비

봉창너머 별을 헤며
한 올 한 올 손땀하여
억겁을 한恨으로만
촘촘히 자아내는
가슴앓이 직녀織女아낙

달빛아래 은빛 날개
설움으로 접어두고
두 손 모은 그대 모습
사랑 찾는 새벽천사

찬 이슬 한 종지
장독 위에 올려놓고
함초롬히 젖은 모시
털어 낼 줄 모르는가

시립토록 정갈한 몸
살짝 비친 당신 마음

은비녀 쪽 짓고
안으로만 사위어 가는
영락없는 울 할머니

시립도록
정갈한 나비

모시나비는 호랑나비과→모시나비아과에 속하는 나비다.
애벌레의 먹이인 현호색과(科) 식물이 서식하는 낮은 야산에 많이 나타난다.
날개가루가 적어 날개가 모시처럼 반투명하기 때문에
나비학자 석주명이 붙여준 정감 있는 이름을 가진 나비다. 혼인 후 수태낭을 차고 있어
정절의 자태를 엿볼 수 있다.

가장 한국적인 나비

아침 일찍 채집지에 도착하면 숲은 고요한데 모시나비*Parnassius*
*stubbendorfii*는 가끔씩 앞발로 신선한 새벽안개를 다독이며 날을 깨우
고 있다. 나뭇잎을 붙들고 매달려 있는 모시나비를 보고 있노라면
잠시 그리움에 잠기게 된다. 매달려 있는 자세가 마치 두 손을 모아
기도하는 모습처럼 보이는 탓이다. 꼭두새벽, 하얀 모시옷을 입고
장독대에 정안수를 떠놓고 기도하는 할머니가 떠오른다.

모시나비들의 먹이식물인 현호색은 숲속 언저리에 올망졸망 군락
을 이루며 자생하고 있다. 모시나비 또한 이 식물이나 옆의 낙엽에

알을 낳기 때문에 그 주변에 모여 살아간다. 떠오르는 태양에 안개구름이 걷히면 잎사귀 뒷면에서 밤을 지새우던 나비들은 부산해진다. 아침 햇살에 날개의 이슬을 말리고, 체온을 올려 기운을 차리게 된다. 모시나비는 변온동물이기 때문에 몸이 따뜻해져야 에너지가 활성화되어 잘 날 수 있는 메커니즘을 가지고 있다. 체온 상승 과정은 모든 나비가 거의 동시에 같은 장소에서 일어나기 때문에 오전 10시경에 일제히 나타나는 모시나비의 군무群舞는 실로 장관이다.

모시나비들이 아침 산들바람을 타고 날고 있는 모습을 보면 모시옷을 입고 진양조나 굿거리장단에 맞춰 추는 춤사위를 보는 듯하다. 학처럼 느릿느릿하게 위아래로 팔랑거리는 하얀 나비의 날갯짓은 고고하다. 은은하고 수수한 아름다움을 간직한 나비로 서민의 정서가 배어 있는 친밀감이 있어 우리나라 나비 중에 가장 한국적인 나비이다.

모시나비는 암수가 한 번 사랑을 나누면 죽을 때까지 암컷이 정절을 지키는 정갈한 나비다. 티끌 하나 묻힐 수 없게끔, 칼칼하게 풀을 먹여 다리미질한 반투명 하얀 모시옷처럼, 정제된 아름다움이 배어 있는 맑은 나비다.

모시나비의 번식생태 역시 정갈한 사랑을 보여준다. 암수가 짝짓기를 하면 수컷이 암컷 배 끝의 생식기 입구에 수태낭mating plug, 受胎囊이라는 정조대를 만든다. 이때 수컷이 밀랍 같은 물질로 수태낭을 정교하게 붙일 수 있도록 암컷은 움직이지 않고 배려해준다. 수컷의 꽁무니에서 금방 나온 분비물은 연고처럼 부드러워 암컷이 거부하며 배를 움직이면 다 망가져버린다. 일반적으로 수컷이 강압적으로

기도하는 마음, 한지에 먹

정조대를 채우는 것으로 알려져 있지만 그것은 사실이 아니다. 인간의 입장에서 보는 잘못된 시각이다. 오히려 수억 년을 진화해온 과정에서 모시나비들만의 독특한 종족 번식의 한 형태이다.

모시나비는 암컷의 사랑 허락 없이 수컷이 일방적으로 수태낭을 채워 정절을 강요하는 것이 아니다. 지극히 암수동등의 성 평등을 실천하며 자손을 번식하는 고귀한 사랑을 하고 있는 것이다.

왜 모시나비인가?

우리나라 모든 나비들의 이름은 나비학자 석주명이 짓고 1947년 4월 5일에 조선생물학회를 통과시켜 오늘날에 이른다. 물론 일부 몇 종은 후대 학자들에 의해 조금 바뀌었지만, 우리가 지금 부르고 있는 아름답고 정감 있는 나비들의 이름은 이 위대한 학자의 나비 연구와 사랑 덕분이다.

석주명은 나비 이름을 지을 때 절대 허투루 짓지 않았다. 나비의 생태적 특성과 모양, 색깔과 무늬, 학명의 어원 등을 바탕으로 학술적인 오류가 없도록 했다. 더불어 기존 일본식 나비 명칭을 우리나라의 역사와 향토적 정서를 반영하여 학문적으로 꼼꼼하게 기록해놓았다.

일례로 우리나라 나비 중에는 처녀 나비가 세 종류나 있다. 이름이 지어진 유래는 우리 민족의 정서가 물씬 배어나는 정감 있는 이름들이라 여기 석주명이 기록해놓은 원문을 그대로 인용하여 소개한다.

Coenonympha의 속명(屬名)으로 조선에는 봄처녀, 도시처녀, 시골처녀의 3종이 난다. 봄처녀는 봄에 한 달도 안 되게 나왔다가 없어지는 것인데 그 나는 모양이 우리 조선 사람으로는 수줍은 처녀의 모습과 같다고 볼 수 있다.

도시처녀는 색채가 진한 다색(茶色)이요 앞 뒤 날개 안쪽에 있는 흰 띠가 도시처녀의 흰 리본을 연상케 한다. 시골처녀는 그 노랑색이 시골처녀의 노랑저고리를 연상케 하며 또 그 산지(産地)를 볼 때 전국을 통해서 시골에만 드문드문 난다.

모시나비 역시 다음과 같은 이유로 석주명은 이 나비의 이름을 지었다.

*Parnassius stubbendorfii*의 종명이요 속명이다. 이 계통 나비의 날개는 날개가루(鱗粉)*가 적어서 반투명이니 모시를 연상시킨다. 그러므로 모시나비는 Parnassius 속의 속명으로 적합한데 이 속에서 가장 흔하고 전 반도에 분포된 것은 stubbendorfii이니 모시나비를 이 종명으로 쓰기로 한다. 속명의 어원인 Parnassus는 중앙 희랍에 있는 유명한 산 이름으로 이 산은 Apollo와 Muse신의 영소이다. Stubbendorfii는 인명으로 그리 유명한 사람은 아니다.**

덧붙이면 호랑나비과→모시나비아과에는 모시나비와 붉은점모시나비, 애호랑나비, 꼬리명주나비가 있다. 이 중에 모시나비와 붉은점

---

* 현미경으로 확대하면 비늘모양이 기와처럼 차곡차곡 쌓여 있다.
** 이병철 저, 1985, 『인물평전 석주명』, 동천사, pp.272, 273, 250.

모시나비의 속명으로 파르나시우스를 쓴 이유가 있다. 붉은점모시나비에는 뒷날개에 태양처럼 붉은 점이 찍혀 있다. 그리스 로마 신화에 태양의 신*** 아폴로와 아폴로에게 시중을 드는 학예의 여신 뮤즈가 사는 신령스러운 산인 파르나소스 산을 연상하여 속명이 지어졌다.

국제적으로 통일된 생물 이름 '학명'은 어떻게 만들어지는가?

지구상에 존재하는 수많은 생물들을 비슷한 종끼리 묶어 유연관계와 계통을 찾아 분류를 체계화하려는 노력이 오래전부터 시도되었다. 오늘날 전자현미경과 분자생물학의 발전으로 유전자 분석을 통해 종을 정확하게 동정하고 있다. 외형상으로만 보고 동정했던 고전적 분류의 오류를 수정하고 있다. 고대 그리스의 자연철학자 아리스토텔레스가 비록 '동물을 붉은 피를 가진 동물과 그렇지 않은 동물'로 잘못된 구분했지만 분류의 중요성을 인식하고 있었던 것은 사실이다. 분류는 오랫동안 수많은 학자들의 고민이요 숙제였다.

스웨덴의 생물학자인 칼 폰 린네(Carl von Linné)는 세계 각 나라마다 언어가 달라 어떤 한 생물에 대해 국제적으로 통일된 이름으로 명명하는 학명(scientific name)을 창안했다. 1735년에 출간한 『자연의 체계(Systema naturae)』에서 자신이 창안한 이명법(二名法, binominal nomenclature)으로 식물 분류를 정립했다. 더불어 1758년 동물에게도 적용하여 생물분류법의 기초를 확립했다. 학명은 속명(屬名, genus name) + 종명(種名, species name)의 라틴어를 사용하며 이탤릭체로 표기한다. 분류단계는 계(kingdom)→문(phylum)→강(class)→목(order)→과(family)→속(genus)→종(species)으로 분류하여 계통화되어 있다. 오늘날 종이 분화되어 하위 단계로 아종을 쓰는 3명법(三名法)이 허용되고, 그보다 하위 단계인 변종(var.)·이상형(s.)·형(for.) 등을 병기하기도 한다.

*** 전설 신화이기에 학자마다 다소 이견이 있다.

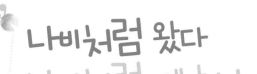

나비처럼 왔다
나비처럼 떠난 나비학자

나비학자 석주명(石宙明, 1908~1950)은 개성 송도고보(松都高普)의 박물교사로 11년 동안 재직하면서
백두산에서 한라산, 독도까지 약 60만 마리의 나비를 채집 관찰하여 120여 편의 논문과 잡문을 쓰고
교직을 떠난다. 평생 논문만 128편을 국내외에 발표했다.
그의 영혼이 담긴 유고집 『한국산 접류 분포도』는 학술연구의 꽃을 피웠다.

눈물겨운 유고집 『한국산 접류 분포도』

송도고보는 1906년 윤치호가 '한영서원韓英書院'이란 이름으로 설립
하였다. 1938년 송도중학교로 교명을 변경하여 한국전쟁 이후 개성
에서 인천으로 내려와 답동에 터를 잡고 100년이 넘는 유구한 역사
속에 수많은 인재를 배출한 명문학교이다.

그 당시 박물교사는 현재의 생물교사다. 그의 조수인 왕호 선생이
송도중학교의 생물교사로 재직하며 나비연구의 명맥을 이어왔다. 그
다음 후임으로 필자가 생물교사로 있으면서 곤충반을 운영하는 등
곤충연구의 계보를 조금이나마 이어온 것은 큰 영광이다.

석주명*은 가슴 아리는 짧은 생애를 살았지만 곤충학계에 커다란 발자취를 남겼다. 소름이 돋는 지독한 학문 탐구의 피땀 어린 노력과 열정은 방대한 학술연구 논문과 더불어 후학들에게 영원히 곤충연구의 길을 안내할 것이다. 위대한 학문에 경의를 표하며 한편으로는 필자 자신 학문연구의 자세에 부끄러움을 느낀다.

석주명은 20여 년 동안 우리나라 최북단인 함경북도 온성군 풍서동에서 개마고원, 태백산맥을 거쳐 동쪽 끝 독도, 최남단인 제주도 남쪽 마라도까지, 국외로는 일본, 사할린, 만주, 몽고, 대만 등 직접 발로 뛰며 채집을 통해 분류를 하였다. 여기에 우리나라와 위도가 비슷한 미국, 영국, 핀란드 등의 학자들과 표본 및 자료를 교환한 끝에 한국산 나비 248종을 계통 분류했고, 그 내용을 집대성한『한국산 접류 분포도 韓國産蝶類分布圖』라는 책을 완성하였다. 더불어 128편의 학술논문을 발표하고 1950년 10월 6일 42세의 짧은 생을 마감한다.

석주명의 위대한 업적인『한국산 접류 분포도』는 자칫 영원히 빛을 볼 수 없었을지 모른다. 이 분포도에는 누이동생인 의류복식 연

---

* 이하 글은 왕호 선생이 가끔씩 송도중학교 과학실에 찾아와 석주명 선생에 대한 회고담의 기억과『인물평전 석주명』의 내용을 인용한 것이다.

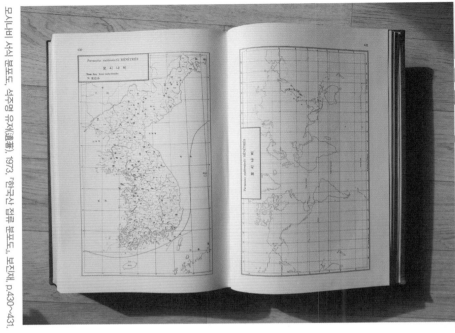

모시나비 서식 분포도, 석주명 유저(遺著), 1973, 「한국산 접류 분포도」, 보진재, p.430~431.

구의 대가 석주선의 눈물겨운 이야기가 서려 있다.

중공군의 개입으로 1951년 1월 4일 또다시 남쪽으로 후퇴해야 했을 때, 석주선은 본인이 전국을 누비며 수집해놓은 명가의 옛날 옷 60여 벌의 보물들을 신당동 집의 대들보에 매달아놓고 오빠의 혼이 담긴 유고집을 배낭에 짊어지고 피란길에 오른다. 오빠의 논문이냐 본인의 보물이냐의 갈등 속에 밤을 지새며 고민한 끝에 본인 것을 포기하고 오빠의 유고집을 챙긴 것이다.

배낭 속에는 분포도인 지도 504장, 미발표 논문인 『한국산 접류의 연구 Ⅲ』, 『제주도 총서 4,5,6』, 『세계 박물학 연표』 등의 원고 7,000여장과 발표문 스크랩, 일기, 논문집 등으로 여인이 메고 다니기에는 너무나 버거운 짐이었다. 서울 신당동에서 인천으로 이동하여 다행스럽게도 해군 LST정을 타고 목포로, 부산으로, 1952년 8월 또다시 서울로 올라와 보니 자신이 수집한 보물은 사라지고 빈 대들보만 덩그러니 남아 있었다. 온 동네를 수소문했지만 한 점도 발견하지 못하고 돌아서야 했다. 오빠의 영혼인 원고뭉치 배낭을 둘러메고 힘겨운 피란 생활을 한 누이동생의 살신성인의 결정체이며 유산이다.

석주명의 혼이 담긴 보물인 유고집 『한국산 접류 분포도』는 1973년 4월에 인쇄가 완료되었지만 우여곡절 속에 1984년 1월에야 300부 한정판으로 빛을 본다. 필자는 1985년 서울 종로서적에 들렀다가 우연치 않게 서고에서 이 책 한 권을 발견했다. 깜짝 놀라 가슴이 설레어 바로 구입했는데 230번째 판본이었다. 이 눈물겨운 위대한 학자의 유고집은 앞으로도 영원히 보물로 간직될 것이다.

세계적인 석학의 반열에 오르다

나비연구를 처음 시작한 석주명은 많은 어려움에 부딪혔다. 지금처럼 제대로 된 전문서적이나 도감이 없고 설령 있다고 해도 허술하기 짝이 없었다. 같은 종의 나비가 이름이 각기 다르고 크기나 모양이 조금만 달라도 새로운 별종인 양 마구잡이로 학명을 붙여 등재되어 있는 것을 발견했다. 단지 몇 마리만 채집한 상태에서 종 동정을 하기 때문에 발생한 오류였는데, 부실한 명명규약rules of nomenclature, 命名規約 역시 또 하나의 이유이다. '명명규약'이란 생물을 계통적으로 분류하여 그 학명을 붙이기 위한 국제적인 규약을 말한다. 당시 명명규약에는 "어느 한 종의 명칭은 전형적인 수놈 한 마리를 택하여 정한다"로 되어 있었기에 어설픈 학자들이 이 규약을 의도적으로 악용했거나 무지의 발로였다고 보아야 할 것이다.

이 엉터리 신종 발견 행위를 많이 한 것은 당시 일본 학자들이었다. 그중에서도 홋카이도 제국대학의 마쓰무라 교수가 그 방면에 달인이었다. 마쓰무라가 1931년 『일본 곤충 대도감』을 발간하고 난 뒤 이 책을 바탕으로 여러 일본 학자들이 경쟁적으로 도감을 발간했기 때문이다. 마쓰무라는 개체 간의 약간의 차이가 있거나 이상형이나 기형의 개체를 발견하면 단 한 마리의 수컷을 가지고도 신종이나 신아종, 신변종으로 발표하여 학명을 붙이고 그 학명 끝에 명명자를 자기 이름으로 기입하곤 했다.

석주명은 이 도감을 참조하여 종 동정을 하였는데 표본을 대조하는 과정에 너무나 오류가 많아 실망할 수밖에 없었다. 그래서 이 잘못된 책을 보고 이런 오류를 미연에 방지하기 위하여 개체변이* 연구의 필요성을 느끼고 연구에 착수한다. 무려 60만 종이 넘는 나비들을 일일이 자로 재고 기록하는 험난한 연구에 돌입한 것이다.

짧은 생애 동안 128편의 논문을 통해 총 844개나 되는 동종이명 synonym, 同種異名의 엉터리 학명을 하나씩 깨부수어 소멸시키고 한국산 나비 248종으로 최종 분류하여 오늘에 이른다. 현재까지는 한반

---

* 개체변이(個體變異)는 같은 종의 나비가 서식 환경에 따라 크기와 모양이 조금씩 다른 것을 의미하며 유전하지 않는다.

도에서 발견된 종이 268종으로 밝혀졌는데, 그중 토착종이 199종, 북한 국지종이 53종, 미접迷蝶이 16종[**]이다. 그 가운데 신종을 많이 발견해 대학자로 추앙받던 마쓰무라의 엉터리 학명이 무려 166개나 된다니 참으로 어처구니가 없다. 마쓰무라의 경솔한 연구 태도와 업적이 석주명에 의하여 무참히 짓밟혀지는 사이 같은 일본 곤충학자들도 우려와 비판의 목소리를 냈다. 엄청난 채집량에 의존하는 석주명식 분류학 연구가 세계 곤충학회를 떠들썩하게 만들고 일본 식민지 조선의 지방 중학교 교사가 세계적인 학자로 인정받게 된다. 통쾌하기도 하고 한편 씁쓸하기도 하다.

이때 일본의 세계적인 곤충학자 에자끼 박사, 시로즈 교수, 스승인 오카지마 긴지 교수가 전폭적으로 지지하여 석주명은 세계적인 석학 반열에 오르게 된다. 에자끼 박사는 『한국산 나비의 동종이명 목록*The synonymic List of Butterflies of Korea*』을 발간할 때 후기를 써주었다. 시로즈 교수는 1955년 한국산 '흑백알락나비' 아종명을 《Sieboldia》지에 발표할 때 'Hestina persimilis seoki Shirozu, 1955'로 학명에 'seoki'를 명기해 석주명의 업적을 높이 기렸다. 일본 학자인데도 학명에 이름을 헌명했다는 것은 학자적 양심과 소신, 그리고 그만큼 석주명 학문연구를 높이 샀다는 반증이다.

석주명은 생전에 유리창나비 등 5종의 한국산 신 아종을 최초로 발견하여 명명하였다. 신종 발견과 학명 짓기는 곤충학자라면 누구

나 한 번쯤 가져보는 꿈이다. 부단한 학술조사 연구뿐만 아니라 행운이 뒤따라야 한다. 반면 명예욕에 눈이 멀어 자기기만의 나쁜 짓을 하는 몰지각한 행위를 일삼고 있는 사람들도 가끔 나타난다. 이들의 추태는 늘 눈살을 찌푸리게 한다.

'정조대-수태낭'은 내리사랑의 결정체

모든 나비들은 자신만의 DNA를 자손 대대로 이어갈 수 있도록 독특한 생식방법을 사용한다. 치열한 짝짓기 경쟁에서 이길 수 있는 방법을 나름대로 터득해온 덕분이다. 특히 모시나비 수컷은 짝짓기 후 암컷의 배 끝에 수태낭으로 정조대를 채워 다른 수컷이 교미할 수 없도록 원천 차단해버린다.

치밀한 짝짓기 전략의 고수

나비의 수컷들은 본능적으로 자기 자신만의 유전형질을 퍼뜨리고 싶은 번식 욕망에 사로잡혀 있다. 자신의 유전자를 후손에게 물려주기 위하여 다양한 짝짓기 전략을 개발하는 방향으로 진화해왔다.

경쟁자인 주변 수컷이 자신이 찜해놓은 암컷에게 접근하지 못하도록 경호하며 생식 경쟁을 벌이는 것은 그래도 양호한 편이다. 일부 종은 자신이 먼저 짝짓기한 후 또 다른 수컷이 짝짓기를 해도 정충이 들어가지 못하도록 미리 암컷의 생식기 내부에 바리게이트를 쳐버리는 은밀한 행위도 일삼는다. 더구나 이미 짝짓기를 하여 들어간 다른 수컷의 정충을 밀어내어 밖으로 꺼내버리고 자기의 정충을 주입하는 날강도 짓도 스스럼없이 한다. 심지어 짝짓기 중에 자신의 정충을 삽입한 후 교미 부속기인 갈고리로 암컷의 교미기를 찢어 상처를 내고 막아버리는 경우도 있다. 아예 짝짓기 자체를 할 수 없도록 교미기 앞에 차단막을 쳐 대문에 빗장을 치는 기발한 아이디어를 동원하기도 한다.

모시나비는 암컷과 수컷이 짝짓기를 하면 수컷은 다른 모시나비의 수컷이 짝짓기를 하지 못하도록 바람막이를 하는 특이한 생태를 가지고 있다. 자신과 교미한 암컷이 아예 다른 수컷과 교미할 수 없도록 앞가림을 해놓는 것이다. 암컷의 질 밖에 젤라틴 분비물질*로 수태낭을 만들어 암컷의 꽁무니를 막아버린다. 금방 만들어진 수태낭은 반투명하며 부드럽지만 점차 공기 중에 산화되어 회백색으로 변했다가 갈색에 가까워지면서 딱딱하게 굳는다.

수컷은 수태낭을 만들 때 암컷의 배 끝의 교미기 위치에 정확히 붙여야 한다. 가끔 수컷 중에 기술이 부족하여 세밀하지 않게 대충 붙여놓는 경우가 있다. 이것은 자신만의 유전자를 가진 종족 보존을 위해 돌이킬 수 없는 실수를 한 것이다. 엉뚱한 데 붙이거나 어설프게 막음을 해놓아 떨어져 나가면 다른 개체가 와서 짝짓기에 성공하기도 한다.

---

* 이 분비물(sphragis)의 성분은 밀랍 형태의 고체인 팔미트산, 연성비누의 원료인 리놀레산, 올리브유에 많은 올레산, 천연으로 가장 많이 있는 스테아르 산 등이 함유된 지방산의 합체로 의약과 화장품의 원료로도 사용된다.

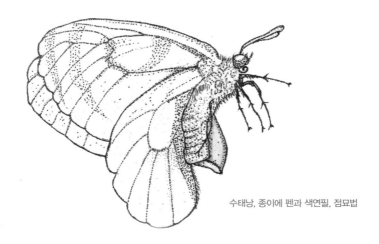

수태낭, 종이에 펜과 색연필, 점묘법

암컷은 수많은 알을 난소에 비축하고 있다. 암컷 입장에서는 여러 마리 다른 수컷들의 정자를 받는 것이 건강한 새끼를 생산하는 데 유리하다. 만약 유전적으로 부실한 수컷 한 마리에서만 정충을 받게 되면 모든 알들이 부실하게 태어날 수밖에 없다. 당연히 유전적으로 문제가 생겨 자손 대대로 이어지지 못할 테고, 다음 세대에 도태되어 자신의 후손도 영원히 사라질 수 있다.

최초의 정조대는 누가 채웠는가?

사람들은 "모시나비가 수태낭으로 정조대chastity belt, 貞操帶를 채웠다"고 말한다. 하지만 이것은 어디까지나 인간의 관점이다. 곤충의 시각으로 보면 치열한 번식 경쟁 속의 한 단면일 뿐이다.

대부분의 모시나비와 관련된 글들이 모시나비의 수태낭을 유럽 중세의 정조대와 연관시켜 이야기한다. "전쟁터로 떠나는 십자군 기사들이 아내의 부정을 막기 위해 정조대를 채운 것과 유사하다"고 말이다. 하지만 이것은 사실과 다르다. 중세에 아내의 외도를 막기 위해 사용한 정조대는 찾아볼 수 없다. 설령 있었다 치더라도 위생과 건강 문제뿐만 아니라 육체적 정신적 고통 때문에 잠시도 사용하기 힘들었을 것이다. 이후 15세기에 콘라드 카이저^{Konrad Kyeser von Eichstatt}의 『벨리포르티스^{Bellifortis}』라는 책에 정조대 그림이 처음 등장하지만 실제 착용했는지는 의문이다.

오히려 정조대는 고대 그리스 로마에서 기원한다. 결혼식에 신부들이 하얀 튜닉^{tunic}* 아래 헤라클레스 매듭**으로 된 순결을 상징한 벨트를 착용한 후 나중에 신랑이 매듭을 풀어준다. 정조대는 아내의 부정을 막기 위한 도구가 아니라 성스러운 의식의 의미로 해석해야 옳을 것이다.

조선시대에는 여성이 정절을 지키는 것을 미덕으로 여겼다. 살아생전에는 은장도가, 사후에는 열녀문이 정조대 역할을 하기도 했다. 하지만 여기에는 가문을 위해 여인들이 희생당한 안타까운 사연도 많다.

헤라클레스 매듭, 한지에 먹

정조대를 만들어 남성이 여성에게 채운 최초의 생물은 인간이 아니라 모시나비이다. 모시나비는 약 2억 5천만 년 전 고생대 페름기에 출현하여 혹독한 빙하기를 버티고 살아남은 종이다. 이들은 자신

---

* 무릎까지 내려오는 헐렁한 웃옷
** 사랑과 결혼의 매듭

의 유전자만을 영속적으로 퍼뜨리기 위하여 다른 수컷과 함께 처절하게 짝짓기 경쟁을 벌여왔다. 밀랍 같은 분비물로 수태낭이라는 독특한 구조를 만들어 암컷의 배 끝에 붙여 일부일처제 정절을 도와주는 쪽으로 진화한 것이다. 모시나비의 자손 번식을 위한 수태낭 전략은 본능이라고 간단히 치부하기엔 너무나도 경이로운 내리사랑의 결정체가 아닐까?

마술을 부리는
날개의 비밀

나비에게는 천적을 향해 능동적이고 적극적으로 대항하는 공격 모드가 전혀 없다. 하지만 사방에 널려 있는 포식자들로부터 살아남기 위해 위장전술 같은 여러 방어 메커니즘을 발현해왔다. 붉은점모시나비 역시 나노미터 생물리학적 디자인인 '눈알무늬'로 모방과 치장을 하는 방향으로 적응·진화해왔다.

살아남기 위해 몸부림치다

모시나비아과의 붉은점모시나비*Parnassius bremeri*는 멸종위기 야생생물Ⅱ급으로 지정되어 잘 보살펴야 할 나비이다. 날개는 반투명한 옅은 황백색인데, 뒷날개에 붉은 점이 있어 이러한 이름이 붙여졌다. 날개를 편 길이가 60~65mm로 모시나비보다 10mm 정도 더 크다. 기린초, 아카시나무, 엉겅퀴 등에서 5월 중순부터 6월 초순에 꿀을 빠는 모습을 볼 수 있다.

붉은점모시나비의 개체 수는 해마다 줄어들어 이제는 일부 지역에 드물게 군데군데 분포하고 있다. 이 나비를 환경부에서 멸종위기 야생생물Ⅱ급으로 지정한 이유가 있다.

붉은점모시나비의 먹이식물은 기린초인데, 최근에는 나무를 땔감으로 잘 사용하지 않을뿐더러 산림녹화 정책으로 숲이 우거지면서 양지바른 풀밭에 사는 기린초 서식처가 빠르게 감소하고 있다. 게다가 제초제 등 농약 살포와 밤나무 숲 항공방제는 먹이식물과 나비 모두에게 치명적이다. 또한 석탄이나 석유 같은 화석연료의 사용과 유기화합물에 의한 환경오염, 무분별한 개발로 인한 서식처 훼손과 파괴 등도 큰 원인이라 할 수 있다. 관상 가치가 높다는 이유로 마구잡이 채집이 성행하는 것도 이들이 멸종 위기에 내몰리는 주요한 원인이다. 멸종위기 야생생물Ⅱ급인 붉은점모시나비를 포획하면 3년 이하의 징역 또는 300만 원 이상 2천만 원 이하의 벌금에 처해진다.[*]

나비가 팔랑거리는 날갯짓은 종과 상황에 따라 다르지만 보통 초당 5~20회 정도이다. 꽃에서 꿀을 빠는 황나꼬리박각시 등 일부 종은 무려 100회까지 날갯짓을 하기도 한다. 붉은점모시나비는 초당 5~10회 정도로 1초에 0.5~1m를 날아간다. 나는 모습은 학처럼 부드럽고 유연하여 우아한 멋을 풍긴다.

붉은점모시나비를 배 쪽 아래에서 보면 보통 뒷날개의 한쪽에 7개씩 양쪽 모두 14개의 빨간색 동그란 점무늬가 있다.[**] 이 점들 중에 8개는 가슴 쪽 기부에 부채꼴로 반달처럼 원을 그리며 몰려 있다. 나머지

---

[*] 야생생물 보호 및 관리에 관한 법률 제68조(벌칙) 관련
[**] 뒷날개에 있는 붉은색 점무늬의 크기와 개수는 서식처에 따라 달라 개체변이가 심하다. 배 쪽에서 보면 붉은색 점무늬의 수가 많게는 8쌍부터 7쌍, 6쌍, 5쌍, 심지어 빨간색이 사라지고 검은 점들만 있는 나비가 가끔 관찰되기도 한다. 등 쪽에서 보면 대부분의 붉은점모시나비는 붉은색 점무늬의 수가 3쌍만 보인다.

6개는 그 반원 바깥쪽을 감싸며 역시 원을 그리면서 부채꼴로 배열되어 있다. 날고 있는 붉은점모시나비를 천적인 새가 지상에서 쳐다보게 되면 14개의 점이 맹금류의 눈동자처럼 커다랗게 보일 것이다. 마치 수리부엉이가 목을 좌우로 움직이며 황적색 눈으로 매섭게 노려보는 것처럼 보여 섬뜩하다. 더구나 각각의 빨간색 점에 검은색 테두리를 하여 눈알무늬eyespots를 보다 더 크고 선명하게 부각시켰다.

붉은점모시나비를 등 쪽 위에서 보게 되면 6개의 붉은 점만 보인다. 가슴 쪽 기부에 있는 8개의 붉은 점 중에 6개는 대부분 뒷날개 안쪽의 내연에 퍼져 있는 검은색 무늬에 묻히고 앞날개에 가려져 나머지 2개만 보인다. 이 붉은 점들은 날개 중앙에 가로로 4개, 아래쪽에 2개가 양쪽 날개에 대칭적으로 찍혀 있다. 이 나비를 잡아먹으려는 새가 공중에서 볼 때 나비가 천천히 날며 날개를 팔랑거리면 빨간 점들의 잔상이 남는다. 일직선으로 나란히 있는 4개의 점들이 마치 새빨간 화살 막대기가 길어졌다 짧아졌다 하는 것처럼 위협적으로 보이는 것이다.

나노미터 생물리학적 디자인 '눈알무늬'

눈알무늬 하면 역시 브라질에 서식하는 부엉이나비Caligo beltro가 제일 먼저 떠오른다. 눈알무늬가 크고 부엉이나 매의 눈과 비슷하게 생겼다. 이 눈알무늬는 동심원 상의 다양한 색상으로 조합되어 있다. 나비들이 날개에 눈알무늬를 만들도록 진화한 데에는 여러 가지 가설이 있다.

▲ 엉겅퀴에 앉아 있는 붉은점모시나비, 2010.6.13. 삼척 하장, 이상현

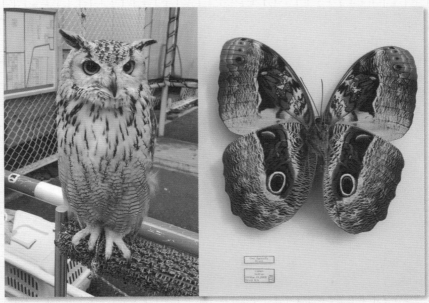

▲ 수리부엉이, 2017.11.28. 일본 신주쿠

▲ 부엉이나비 뒷면, 2008.3.13. 브라질

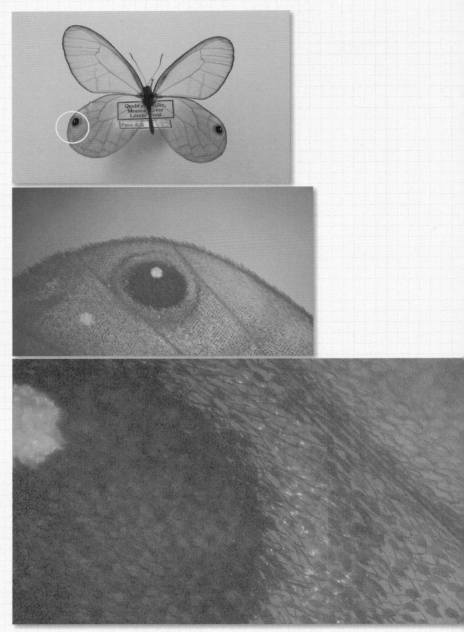

흰나비과 *Cithaerias merolina*의 눈알무늬, 실체현미경 ×1배, ×10배, 50배, 2006.10.23. 페루

첫째, 나비를 잡아먹는 새를 먹이로 삼는 포식자 맹금류의 눈을 닮아 깜짝 놀라 도망가게 한다. 둘째, 새들이 눈알무늬를 쪼도록 하여 나비의 중요 부분인 머리-가슴-배를 보호하는 역할을 한다. 새들은 본능적으로 모든 피식자의 머리 쪽을 공격하는 습성이 있다. 살아남기 위하여 생명에는 지장이 없는 날개만 일부 다치고 자손 번식을 꾀한다. 셋째, 짝짓기 상대방에게 보다 더 매력적이고 아름답게 보이기 위해서 치장을 한다. 간택받기 위한 유혹의 마크로 사용하는 것이다. 넷째, 멀리 있는 개체를 빨리 알아보고 더 쉽게 찾기 위한 성표^{性標}로 활용한다.

이유야 어찌됐든 붉은점모시나비가 생존과 번식을 위하여 몸부림친 흔적이 바로 눈알무늬인 것이다. 붉은 점은 살아가는 데 강점이 되는 동시에 치명적인 약점으로 작용하기도 한다. 이들을 소유하려는 인간들 때문에 멸종으로 몰리는 중이니까. 그래서일까? 색상의 둥근 고리를 이루고 있는 눈알무늬를 보고 있노라면 놀랍고 신비롭지만, 한편으로는 처절한 생존전략이라는 생각에 안쓰러워진다.

우리가 바라보는 나비의 눈알무늬 색깔은 단순한 색이 아니다. 생물적 색소와 물리적 색소의 환상적인 조합으로 나타난 아름다운 색이다.

생물적 색소인 생체색소는 꽃잎처럼 나비 날개 자체에 함유된 고유의 색소이다. 어떤 각도에서 봐도 같은 색이다. 물리적 색소는 날개입자 배열만으로 색을 내는 광 결정체^{光結晶體}의 기하학적 구조색이

---

* 암수를 구분하는 특징적인 무늬와 색상

몰포나비(Morpho didius 윗면(좌)·아랫면(우), 2007.5.10. 페루

다. 날개가루의 입자는 빛 산란에 의해 발색된다. 페루의 몰포나비처럼 보는 각도에 따라 날개의 색이 다르게 보인다. 마치 만 원이나 오만 원권 지폐에 위조방지를 위하여 사용되는 홀로그램 띠와 같다.

나비 날개의 눈알무늬는 날개가루 자체가 가지고 있는 다양한 색소에 날개입자 결정구조에 빛이 쏘여 보석처럼 빛나는 입자색소의 앙상블이다. 날개 입자들이 미세하게 켜켜이 싸여 나노미터[*] 구조를 뽐내는 생물리학적 색소의 아름다운 하모니다.

---

[*] 전자현미경으로 볼 수 있는 nanometer(10억 분의 1m) 크기의 구조

먹이식물과
나비 애벌레의 생존전략

대부분의 생물들은 자신이 먹고살아가는 주식이 없어지면 그 대신 다른 먹잇감을 찾아 배고픔을 해결하고 삶을 이어간다. 하지만 곤충들 특히 나비목은 기주특이성[**] 이 강하기 때문에 이들의 애벌레는 먹는 식물 종만 먹고산다.

편식장이 애벌레는 생물 다양성을 이끄는가?

대표적인 나비와 기주식물[***]을 나열해보면 호랑나비과의 호랑나비는 탱자나무, 황벽나무, 산초나무 등의 운향과 식물을 먹고산다. 흰나비과의 남방노랑나비는 비수리, 괭이싸리, 자귀나무 등 콩과식물을 먹고살며, 부전나비과의 은날개녹색부전나비는 갈참나무, 떡갈나무 등 참나무과를 먹고산다. 네발나비과의 암끝검은표범나비는 종지나물, 제비꽃 등 제비꽃과를 먹고살며, 팔랑나비과의 푸른큰수리

[**] 편식장이처럼 먹는 식물만 먹는 곤충의 특성. 곤충은 아무 식물이나 먹는 것이 아니라 그 종이 먹는 식물만 골라 먹는다. 예를 들면 배추흰나비는 십자화과인 배추, 무, 케일 등만 먹는다.
[***] 먹이식물, 식초(食草)

황벽나무-호랑나비   미나리-산호랑나비

종지나물-암끝검은표범나비

팔랑나비는 나도밤나무, 합다리나무 등 나도밤나무과를 먹고산다.

애벌레가 기주식물을 다 먹어치우고 없어지면 허기진 배를 채우고파 그 먹이식물을 찾아 이리저리 온 산과 들을 헤집고 다닌다. 사육을 하며 관찰해 보면 호랑나비나 암끝검은표범나비 등 비교적 대형 종의 애벌레들은 하루 동안에 거의 100m 이상을 이동하며 발이 부르트도록 먹이를 찾아 헤맨다. 무분별한 벌목, 채취 등으로 기주식물이 점점 사라지면 애벌레의 먹이가 부족해져 곧바로 멸종의 위험 속에 노출된다.

먹이식물은 탄소동화작용으로 몸에 필요한 중요한 양분을 만드는 잎을 나비 애벌레에게 나눠준다. 갉아 먹히는 잎사귀의 처절한 아픔과 고통을 참고 나비 애벌레를 자라게 한다. 애벌레는 나비가 되면 그 보답으로 먹이식물에게 수분(가루받이)을 시켜주어 자손 번식의 기회를 준다. 먹이식물과 나비는 종족보존의 성스러운 기회를 서로 나눠 갖는 특이한 생태를 갖는다. 어떻게 보면 먹이식물과 나비와의 관계는 자식 때문에 사랑하는 사이면서도 자신들을 위해서는 미워할 수밖에 없는 애증의 관계가 아닌가 생각된다.

이렇듯 모든 나비의 애벌레는 먹는 식물만 먹는 독특한 먹이생태 진화를 해왔다. 자연생태계에서 먹이경쟁을 최소화하며 먹이생태계의 평형을 유지하면서 생물다양성을 추구하는 방향으로 적응·진화해온 것이다.

모시나비 애벌레 역시 현호색, 들현호색, 왜현호색, 산괴불주머니 등 현호색과의 식물만 먹는 기주특이성을 갖는다. 1980년대 봄에 채집여행을 가면 모시나비가 무리지어 날아다닌 것을 자주 목격할 정도로 흔하게 출현한 나비였다. 하지만 최근에는 가끔씩 한두 마리가 날아다니는 것을 볼 수 있을 뿐인데, 이를 보면 모시나비의 개체수가 불과 30~40년 사이에 확연히 줄어든 것이 사실인 듯싶다.

그 이유로 첫째, 모시나비의 먹이식물인 현호색과 식물의 덩이줄기가 한약재로 알려지면서 마구잡이로 채취되었음을 들 수 있다. 하지만 더 큰 이유는 난개발로 인한 서식지 훼손과 파괴다. 마지막으로 환경오염과 항공방제에 의한 영향도 무시하지 못할 것이다.

숲 건강의 척도는 생물 종의 다양성 확보에 달려 있다. 숲에 식물 종이 다양해야 곤충이 다양해지고 파생적으로 개구리와 뱀과 새, 여러 가지 포유동물들이 더불어 살아가는 숲속 먹이생태계가 평형을 이룬다. 어느 한두 종의 식물로 숲을 가꾸게 되면 병해충 대 발생이나 화재 등의 재해에 자연적 치유 능력이 떨어져 숲이 일순간에 황폐해질 수 있다. 소나무나 편백나무처럼 어느 특정 식물을 경제림이라느니, 치유와 힐링을 위한 식물이라느니 하면서 간벌하고 육림하는 것을 지양해야 한다고 강조하는 이유다.

숲은 경제, 문화, 사회, 교육, 의료적 가치가 있고 치유와 힐링을 공유하는 생명체들이 더불어 살아가는 더부살이 공동체다. 생물다양성을 통한 자연보존의 소명의식을 갖고 접근해야 할 것이다.

환삼덩굴과 네발나비 애벌레는 창과 방패

장미나 찔레나무, 실거리나무, 아카시나무 등에는 줄기나 가지에 가시가 많아 나 있다. 이는 식물이 초식동물로부터 자신의 잎을 뜯기는 것을 방어하기 위한 전략이다. 며느리배꼽, 며느리밑씻개, 환삼덩굴 등은 줄기와 잎자루에 가시가 촘촘히 나 있는데, 이 역시 식물이 나비목의 초식성 애벌레가 줄기를 타고 올라오는 것을 방해하기 위해 가시밭길을 만들어놓은 것이다. 또한 줄기에서 나온 가느다란 잎자루에도 가시를 붙여 험한 외나무다리를 만들어놓았다.

애벌레가 잎사귀까지 도달하여 잎을 갉아먹으려면 유격훈련을 제대로 해야 한다. 자칫 발을 헛디디면 큰 사고가 날 수 있다. 애벌레가 줄기나 잎자루에 매달려 있을 때 바람이 불어 잎사귀가 흔들리면 날카로운 가시에 찔려 큰 상처를 입거나 심지어 피*를 많이 흘려 죽을 수도 있다.

생태적으로 곤충은 위로 올라가는 성질이 있다. 위로 날아오르거나 높이뛰기를 하거나 기어 올라간다. 무조건 죽자 살자 올라만 간다. 나비 애벌레 역시 본능적으로 위로만 올라가는 성질이 있다. 식물의 생장점이 잎사귀 끝이나 줄기 끝, 가지 끝에 있어 위로 올라가야 독성이 적은 연한 잎을 신선하게 먹을 수가 있기 때문이다.

네발나비*Polygonia c-aureum*의 먹이식물은 환삼덩굴이다. 환삼덩굴은 논두렁이나 밭에서 농작물을 타고 올라가 피해를 준다. 잔가시가 있어 농부뿐만 아니라 모든 동식물을 성가시게 한다. 줄기에 덩굴손

---

* 사람의 피는 철을 함유한 색소 단백질인 헤모글로빈이 있어 빨갛다. 반면에 나비 애벌레의 피 속에는 헤모시아닌이 있어 피가 파란색이다. 헤모시아닌은 구리를 함유한 색소 단백질로 나비 애벌레의 혈액에서 산소 운반을 도와준다. 무색이지만 산소와 결합하면 파란색이 된다.

이 없기 때문에 가시가 주변 물체를 타고 올라가는 갈고리 역할을 한다. 환삼덩굴 입장에서는 자신을 보호하고 씨앗을 퍼뜨리는 데 잘 적응·진화한 셈이다.

줄기는 온통 작은 가시로 덮여 있다. 가시가 사방으로 향하고 있을 것 같지만 사실은 아랫방향으로만 나 있다. 이런 형태는 네발나비 애벌레가 기어 올라가는 데 아주 거북스럽다. 애벌레가 좋아하는 부드럽고 연한, 독성이 적은 어린 잎사귀는 줄기 끝에 있으니까. 이 맛있는 양식을 찾아 올라가는 터에 발걸음을 옮길 때마다 꼬챙이가 애벌레를 향하여 버티고 있으니 얼마나 성가실까? 당연히 빨리 올라갈 수도 없다. 환삼덩굴은 줄기가 군데군데 마디로 이루어져 있는데, 곁줄기나 잎은 마디에 모두 돌려 나 있다.

네발나비가 한 마디에서 잎을 모두 갉아먹고 다시 연한 잎을 찾아 위로 올라가다 보면 가시로 무장한 턱잎이 밑으로 향하여 기다랗게 돌려 나 있는 걸 보게 된다. 이 턱잎에는 기존 줄기보다 가시들이 훨씬 촘촘하게 나 있다. 애벌레 입장에서는 성벽 위에서 내리 꽂는 죽창처럼 위험하게 보일 것이다. 네발나비는 이 난공불락의 장벽을 넘어야 비로소 다음 줄기 마디의 잎사귀를 먹을 수 있다. 포기하거나 아니면 몸에 상처를 무릅쓰고 기어 올라가야 한다. 올라가다 바람이라도 불면 가시에 찔리므로 외줄타기 난코스는 자칫 저승길이 되기도 한다.

네발나비 애벌레 또한 먹이를 코앞에 두고 호락호락 물러서지 않는다. 대부분의 나비 애벌레들은 몸에 털이 길게 나 있지 않지만 네

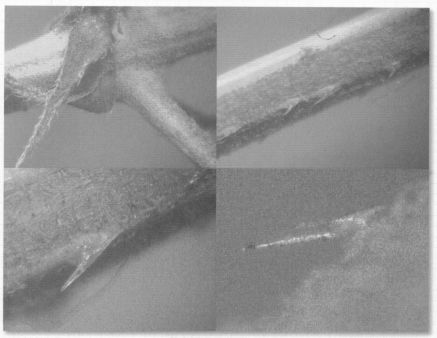

환삼덩굴 줄기의 가시 X5배, X10배, X30배, X50배 2017.12.2, 담양 금성

환삼덩굴 줄기에 매달려 있는 네발나비 번데기, 2010.10.18, 울진 엑스포공원

발나비 애벌레는 온몸을 선인장처럼 기다란 가시털로 두른 특전사다.

애벌레의 몸은 열 개가 넘는 마디로 이루어져 있다. 각 마디에는 발이 두 개씩 있는데 그중 앞의 세 마디에 있는 발은 길고 송곳처럼 뾰쪽하다. 그다음 두 마디의 발은 퇴화되어 머리를 들고 상하좌우 자유자재로 움직일 수 있게 특화되어 있다. 환삼덩굴의 마디에 나 있는 기다란 가시를 잘 넘어 갈 수 있는 구조다. 나머지 뒤쪽 마디에 있는 발들은 붙잡고 걸어 갈 수 있도록 발바닥이 오목하다. 환삼덩굴의 가시로부터 몸을 보호하기 위해서다. 환삼덩굴은 가시를 만들어 애벌레로부터 자신을 보호하고, 네발나비 애벌레는 가시털과 발을 다양하게 변형시켜 가시로부터 몸을 지키는 것이다.

모시나비

(Parnassius stubbendorfii)

1. 분류 : 곤충강 나비목 호랑나비과
2. 크기 : 날개 편 길이 40~55mm
3. 분포 : 한국, 일본, 중국, 인도 북서부, 티베트
4. 생태 : 날개가 모시처럼 흰색으로 반투명하다 하여 이 같은 이름이 붙었다. 어른벌레는 5월~6월 연 1회 발생하며 기린초, 엉겅퀴, 토끼풀 등의 꽃에서 꿀을 빤다. 식초는 현호색, 왜현호색, 들현호색이며 알로 월동한다. 짝짓기가 끝난 수컷은 암컷의 배 끝에 수태낭을 붙여놓는다.

환삼덩굴과 네발나비 애벌레, 종이에 물감

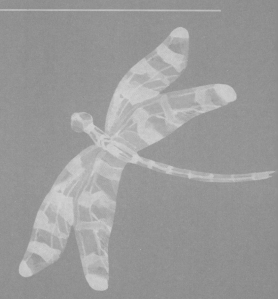

참매미,
울림으로
다시 태어나다

참매미, 한지에 먹

참매미

봄, 여름, 가을, 겨울
그리고 새 봄
고목마저 세월을 꽃으로 피우는데

토굴 속 독방
어둠에 풀어헤쳐진 망각의 시간들

헤아릴 수 없는 계절은
켜켜이 벗어낸 허물일진데

발음막*에 줄은 매어지고
숨고르기로 조율하여
한바탕 울림**으로 깨어나리

이제 막,
고뇌의 껍데기를 벗고 새 세상으로 환생하는가
한여름 찬란한 꿈의 향연饗宴을 위하여

---

* 제1배마디 속의 발음근에 팽팽하게 연결된 2개의 얇은 막
** 매미는 울거나 노래하지 않는다. 오로지 울림으로 표현한다.

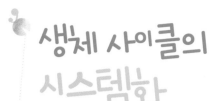

생체 사이클의 시스템화

지상에서의 자연은 세월을 따라 거슬림 없이 윤회한다. 땅속에서 살아가는 참매미의 애벌레는 허물을 벗으면서 긴 세월을 보낸다. 오랜 시간이 흐르는 동안 기억이 희미해지거나 망각될 법도 한데 놀랍게도 세월의 흐름을 정확하게 기억한다.

알람시계를 맞춰놓고 살아가는 애벌레

참매미 애벌레는 예정된 해의 여름에 정확히 나타나 우화하고, 커다란 울림을 준다. 지정된 시간표에 따라 울려주는 생체 자명종을 지닌 덕이다. 사실 알람을 맞춰놓고 제시간에 일어나는 사람이 몇이나 될까? 대개 "5분만 더, 10분만 더" 하면서 뭉그적거리다 겨우 몸을 일으키는 사람이 대다수다. 그런데 이 작은 생명체는 알람에 따라 정확히 살아간다. 그저 놀라울 따름이다.

참매미는 줄기의 조직 속에 알을 낳는다. 여름에 알을 낳고 10개월쯤 지나 이듬해 여름이 시작되면 부화한다. 애벌레가 2~6년 동안 어두운 암흑의 땅속에서 생활한 후 어른벌레가 되므로 산란한 해로부터 치면 길게는 7년이 되어야 지상에 나온다. 땅속에서 기어 나와 나뭇가지나 기둥을 붙잡고 뒷머리와 등가슴을 찢는 탈각脫却을 거쳐 우화한다. 그러고는 불과 2주 정도의 짧은 기간 동안 생활한 후 짝짓기를 하고 일생을 마친다. 우리가 보는 지상의 삶보다는 어두운 지하에서의 생이 대부분인 셈이다. 매미의 일생 중 어두운 땅속에서 보내는 기간이 길기에, 두더지 같은 천적으로부터 가해지는 불안과 고뇌가 큰 삶이기에, 매미의 울림이 가슴에 더 크게 와 닿는지도 모른다.

매미는 변온동물이지만 항온동물처럼 온도에 민감하다. 18~30℃ 정도로 몸이 따뜻하게 데워져야 에너지가 활성화되어 발성과 활동을 잘 할 수 있다. 매미는 추운 겨울이 오면 겨울잠을 잔다. 체내의 물질대사 활동을 줄이고 에너지 소비를 최소화하기 위해서다. 자연 상태에서 온도에 영향을 미치는 가장 큰 원인은 알다시피 태양이다. 태양의 공전주기가 곧 계절의 변화이고, 이는 세월을 의미한다.

알에서 깨어난 참매미 애벌레에겐 한 쌍의 더듬이와 밝고 어두움을 느끼는 안점眼點이 있다. 또한 온몸에는 주변 땅속 환경의 생태를 지속적으로 체크하는 데 유용한 감각털이 나 있다. 먹이식물의 뿌리를 찾거나 적당한 온도와 습도의 위치 추적, 종족 간의 의사소통, 외부 천적의 침입을 감지하는 데 좀 더 민감한 기능을 집적한 것이다. 즉 이들의 진화는 어두운 토굴 속에서 생활하는 데 느끼는 불편함을 극복하기 위한 지중생활형 체형 변화라고 이해할 수 있을 것이다.

어떻게 땅속에서 정확한 때를 알 수 있을까?

참매미 애벌레는 땅속에 있지만 지하 깊은 곳은 아니다. 겨울에 얼지 않을 만큼인 40~60cm 깊이에서 살고 있기 때문에 어느 정도 적외선을 통해 온도변화를 알 수 있다. 물론 애벌레가 살고 있는 곳으로는 태양의 가시광선이 들어오지 않는다. 하지만 우리가 느끼지 못하는 강한 자외선이나 우주선, α, β, γ, X-Ray 등의 빛은 일부 투과하므로 빛의 세기를 느낄 수 있다.

인간의 가청 주파수audio frequency, 可聽周波數는 대략 20~20,000Hz이다. 대부분의 곤충에겐 100~150,000Hz의 초음파 대역을 들을 수 있는 능력이 있다. 참매미의 애벌레 역시 지상에서 일어나는 한여름의 비 내리는 소리나 천둥 치는 소리를 듣는다. 장마철에 물이 스며들어오는 소리와 갈수기에 지표면이 쩍쩍 갈라지는 자연의 소리도 알아챈다. 그 뿐인가? 장마철의 빗물이 애벌레가 사는 곳까지 촉촉하게 적셔주면 습기를 피부로 느낀다. 봄가을의 갈수기에는 건조한 땅을 온몸으로 맞이한다.

참매미 애벌레는 나무뿌리를 갉아먹거나 수액을 먹고 살아간다. 나무뿌리의 수액을 통해 봄 냄새를 맡고, 고로쇠나무처럼 물이 오른 수액의 성분 변화를 맛으로 감지하여 새봄이 왔음을 알게 된다. 물의 응집력과 잎에서 배출하는 증산작용, 물관의 모세관 현상, 뿌리에서 빨아올리는 근압의 영향 등으로 땅속 나무뿌리에서 수액의 흘러가는 속도나 양을 통해 계절이 바뀌는 것을 인지하는 것이다.

이렇듯 온도 변화와 빛의 세기, 자연의 소리, 습도, 봄 냄새, 수액의 맛과 흐르는 속도와 양 등 종합적인 공감각과 지각능력을 총동원하여 봄, 여름, 가을, 겨울의 계절을 인식한다. 세월의 흐름을 감지하여 때가 되면, 즉 정확히 여름에 세상으로 나와 커다란 울림으로 종족 번식을 한다.

하지만 애벌레 몸에는 우리가 알지 못하는 전혀 다른 유전정보가 내재되어 있다. 계절의 변화를 스스로 파악하고 인식하는 프로그램이 작동하고 있는 것이다. 그들 나름대로 일정한 주기 행동을 하게 된 배경이다. 약 2억 5천만 년 전 고생대 페름기에 출현한 매미는 지질시대 이후 수없이 급변한 환경 변화에 적응해왔다. 자연환경의 변화를 미리 예지하고 스스로 대응한 것이다. 예지력과 대응은 오랜 진화과정을 거치면서 주기적인 행동 양상과 계절을 인식하는 방향으로 생체 사이클을 시스템화했다. 안타깝게도 현재의 과학적 지식으로는 참매미 애벌레가 세월을 감지하는 신비로운 능력에 대해 정확히 규명하기 어렵다. 겨우 5백만 년 전에 나타난 인간이 약 2억 5천만 년 전에 출현해 지구의 환경 변화에 적응·진화해온 참매미를 탐구한다는 것이 사실 우스운 일인지도 모른다.

울림은 영역 다툼과 사랑의 표현

흔히 참매미가 "매~앰 매~앰 소리 내어 운다"고들 말한다. 어떤 사람은 좋게 표현하여 "노래를 부른다"고 한다. 안타까운 일이지만, 참매미는 인간의 생각처럼 울거나 노래하는 게 아니다. 그 소리는 다름 아닌 그들 나름대로의 의사소통 방식이다. 발성이자 울림이다.

매미가 소리에 목을 매는 이유

변온동물인 매미는 체온이 18℃ 이상 되어야 에너지가 활성화되어 발음근을 움직여 소리를 낼 수 있다. 발음근과 발음막, 공명실, 울음판 등 발성기관은 수컷의 그것들이 암컷보다 훨씬 크게 발달했다. 암컷의 발성기관은 퇴화되어 소리를 낼 수 없다.

매미의 울림은 수컷끼리의 영역 다툼, 새와 같은 천적으로부터 자신을 보호하는 지킴이 역할, 암컷을 유인하는 수컷의 사랑 표현 기능을 한다. 참매미의 암컷은 울림소리가 자신보다 더 큰 수컷에게 호감을 갖고 구애를 하며 짝짓기를 허락한다. 수컷은 자손 번식을 위해 경쟁적으로 더 크게 바락바락 소리를 지른다. 혼자 외따로 있을 때보다 동료들과 여럿이 소리를 지를 때 더 크게 발성한다.

소리의 세기는 단위가 dB^{데시벨}이다. 전화기를 발명한 알렉산더 벨의 이름 이니셜 중 B의 1/10에 해당하는 값이 dB이다. 참매미 울림소리의 세기는 약 80dB이다. 이 소리의 세기는 진공청소기 소리나 자동차 경적 소리와 맞먹는다. 우리나라에서 가장 시끄러운 매미는 말매미로 약 85dB이고 애매미는 약 70dB, 풀매미는 약 60dB이다. 사람은 120dB 이상의 소리에 노출되면 고통을 호소한다.

어떻게 소리를 만들까?

매미는 종별로 울림소리가 다르다. 울림소리와 같은 의성어는 같은 종의 똑같은 매미 울림소리를 놓고도 듣는 사람에 따라 표현이 다르다. 세계 각국도 나름대로 그 나라 말로 최대한 비슷하게 표기하지만 모두 다르다.

꽃매미*Lycorma delicatula*는 아예 발성을 하지 못한다. 말매미 *Cryptotympana atrata*는 단성으로 따발총 소리처럼 '따르르-', 털매미 *Platypleura kaempferi*도 단성으로 '찌-', 참매미*Oncotympana fuscata*는 양성으로 '매~앰 매~앰', 쓰름매미*Meimuna mongolica*는 삼성으로 '쓰르~람 쓰르~람', 소요산매미*Leptosemia takanonis*도 역시 삼성으로 '지~잉맴 지~잉맴' 하며 울림소리를 낸다. 우리나라에서 가장 다양하고 아름다운 소리를 내는 종은 단연 애매미*Meimuna opalifera*이다.

매미의 발성기관은 수컷의 배에 있다. V자 모양으로 되어 있는 두 다발의 발음근에서 팽팽하게 연결된 제1배마디 양쪽에 얇은 발음막이 있다. 발음근이 수축했다 이완하면 연결된 발음막이 당겨져 움푹 들어갔다 펼쳐진다. 이때 딸깍거리는 소리가 난다. 이 소리는 미약하지만 배 속에 텅 빈 공명실이 있어 소리를 크게 증폭시킨다. 이 증폭된 소리는 배의 밑판을 감싸고 있는 울림판이 떨리면서 다양한 울림의 소리를 다듬어 밖으로 내보낸다.

발성기관 내부의 발음근과 발음막, 공명실, 외부의 울림판(배판)과 등판 형태의 차이는 분류의 중요한 키다. 현악기인 바이올린이나 첼로 줄의 떨림을 몸통에서 증폭시키는 원리도 어쩌면 매미한테 배웠는지 모른다.

'애매미'는 소프라노 성악가

우리나라 매미 중에서 가장 다양하면서 높은 소리를 내는 매미가 애매미다.
'시옷', '쯔꾸', '호호호-홋', '시끄' 등을 자유롭게 혼합해 1막(초성), 2막(중성), 3막(종성), 휴지기 등
여러 단계로 나누어 공연한다. 화려하고 아름다운 소리를 뽐내며 한 편의 오페라를 연출한다.

다양한 소리를 구사하는 애매미 몸속 구조의 비밀

배 속의 발성기관을 다른 매미와 비교해보면 그 차이를 쉽게 알 수 있다. 마치 소프라노 성악가의 구강 구조와 유사한 점을 찾을 수 있는데, 가장 큰 특징이 애매미의 V자형으로 되어 있는 두 다발의 발음근 모양이다. 애매미의 발음근 다발을 관찰해보면 사람의 후두부처럼 양쪽 끝이 부드럽게 V자의 구부러진 안쪽으로 살짝 휘어져 있다는 것을 알 수 있다. 이는 소리가 거칠지 않고 둥글둥글 부드럽게 발성하기 위한 것이다. 생긴 모습이 목젖과 비슷하고 끝이 유연하게 움직일 수 있도록 되어 있는데, 특히 발음근이 공명실의 2/3 지점까지의 공간에 떠 있다. 입 안에서 혀를 자유자재로 움직여 다채로운

소리를 낼 수 있는 것처럼 진화한 것이다. 게다가 발음근을 등판에 부착한 근육도 생고무처럼 신축성이 있고 가늘다. 발음근의 끝이 자유자재로 움직일 수 있도록 중간에 연결되어 있다.

배 밖의 울림판은 다른 매미들과 달리 좌우 판이 겹치지 않고 상대적으로 크고 길다. 배 밑 부분을 대부분 길게 감싸고 있다. 공명실을 거쳐 증폭되어 나오는 소리를 배의 움직임과 함께 기교 있는 떨림으로 전해준다. 애매미는 이러한 독특한 발성기관으로 다양한 소리를 내기 때문에 사람들의 사투리처럼 울림도 각기 다르다.

다양한 소리를 낼 수 없는 매미도 있다

참매미나 말매미의 발음근을 보면 다양한 소리를 낼 수 없는 구조이다. 두 종은 애매미처럼 여러 가지 소리를 혼합하지 않고 한두 가지 음으로만 큰소리를 내지르는 방향으로 진화했음을 알 수 있다. 동네 깡패들이 큰소리로 윽박지르는 형국이다. 참매미의 발음근은 사람 발바닥 모양인데, 등판에 부착하는 근육도 발음근의 끝에 투박하게 연결되어 있다. 말매미의 발음근은 끝이 삼각형이나 직선형이고 길다. 등판에 부착하는 근육은 참매미처럼 발음근의 끝에 투박하게 연결되어 있다. 배판 쪽에도 발음근 한쪽 전체 면을 두꺼운 근육으로 단단히 옭아매어 참매미보다 더 다양한 소리를 낼 수 없는 구조이다.

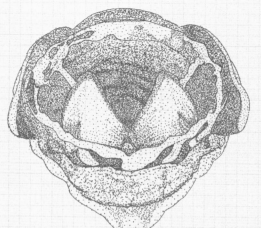

애매미 발성기관, 종이에 펜, 점묘법

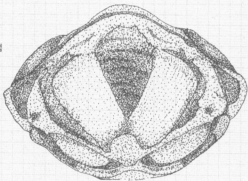

참매미 발성기관, 종이에 펜, 점묘법

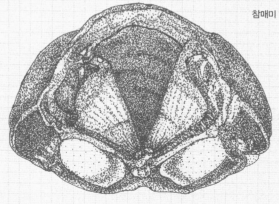

말매미 발성기관, 종이에 펜, 점묘법

도시의 부랑아
'말매미'

한여름에 푹푹 찌는 더위와 함께 불쾌지수를 올려주는 것이 말매미 소리다.
최근 말매미가 대도시에 급증한 이유는 기주식물인 플라타너스와 벚나무 등이
가로수로 심어졌기 때문이다.

말매미는 왜 고래고래 악을 쓸까?

말매미는 가슴의 폭이 20mm 정도이고 몸길이는 40mm가 넘는다. 날개를 편 길이가 무려 120mm 정도로 우리나라 매미 중에서 가장 크다. 발성기관은 좌우 폭이 18mm로 공명실이 커서 소리 역시 엄청 시끄럽다. 자동소총 속사포처럼 반복되는 단음으로 고막을 찢듯이 우리 귀를 괴롭히는 일명 '소음 발생기'다.

날씨와 시간에 따라 다소 차이가 있지만 보통 한 마리가 내는 소리가 20~25초 정도 지속된다. 아무리 길어도 한 소절이 1분을 넘기지 못한다. 또한 계속적으로 발성할 때에는 쉬는 시간이 10~20초 이내로 짧아 연속적으로 발성하는 것처럼 착각을 일으키게 한다. 초

여름의 청개구리처럼 한 마리가 소리를 지르면 그 소리에 뒤질세라 경쟁적으로 고함을 지른다. 100m 이내 주변의 나무에서 벼르고 있던 말매미들이 너도 나도 고래고래 악을 쓴다. 수십 마리의 매미에서 나오는 각각의 소리가 공명·증폭되므로 사람들은 이명^{耳鳴, 귀울음}처럼 귓가에 매미 소리를 달고 살며 고통을 호소한다.

　더군다나 말매미 소리는 사람에게 가장 잘 들리는 주파수 영역 대에 있다. 사람의 가청 주파수는 20~20,000Hz이다. 그중에서 2,000~6,000Hz의 소리를 가장 잘 듣는데, 말매미 소리의 주파수가 이 범위에 속한다. 말매미는 아침부터 한낮까지 시끄럽게 소리를 지르며 활동한다. 한낮이 지난 오후부터 날이 시원해지면 비교적 조용하다.

밤에도 떠드는 말매미

말매미는 주열성과 주광성에 의해 발성반응을 한다는 특성이 있다. 대도시에서 유독 밤에 들리는 매미 소리가 시끄러운 것은 한여름의 열대야와 야간조명 때문이다. 특히 이들은 불빛에 민감한 반응을 보인다.

　말매미 소리는 낮보다 밤에 훨씬 더 멀리 가고, 또 크게 들린다. 낮에는 지표면이 빨리 데워지고 밤이 되면 빨리 식는다. 밤에는 지표면이 먼저 식기에 위쪽보다 상대적으로 아래쪽에 찬 공기가 많다. 찬 공기는 더운 공기보다 공기 분자의 밀도가 높다. 밀도는 질량을 부피로 나눈 값이므로 밤의 찬 공기는 공기 분자가 빽빽하다. 공기가 촘촘하면 소리의 전도가 멀리까지 가능하고 정확하며 빠르다. 더욱이 습도가 높으면 기체인 공기에 액체인 물방울이 섞이므로 밀도가 높아 더 시끄럽게 들린다. 비가 오는 날은 습도가 높아 교실에서 학생들이 떠드는 소리가 더 크게 들리는 것과 같은 원리다. 또한 차가워진 공기는 공기분자의 밀도가 높아 소리가 위로 확산되지 않는다. 지표면에 퍼져 있기 때문에 낮보다 시끄럽게 들린다.

물론, 낮에는 자동차 소리 등 여러 가지 생활소음에 파묻혀 울림소리가 크게 들리지 않는다는 요소도 감안해야 한다. 밤에는 비교적 조용하기 때문에 상대적으로 시끄럽게 들릴 수 있다. 도시에서 말매미의 소리는 고층아파트 벽에 부딪혀 되돌아오는 소리 반향이 증폭 작용을 일으켜 자연의 소리가 도시 소음으로 탈바꿈되어 도시민을 괴롭히고 있다. 열대야로 잠 못 이루는 밤에 따발총 소리 같은 말매미의 소음은 우리에게 더는 감미로운 세레나데serenade, 小夜曲가 아닐 것이다.

수학자 '주기매미'

우리나라에 살고 있는 대부분의 매미에겐 대발생(outbreak, 大發生)* 주기성이 거의 없다.
하지만 미국에는 13년과 17년마다 해갈이를 하며 주기적으로 출현하는 '13년 매미'와 '17년 매미'가 있다.

주기성의 메커니즘

주기매미periodical cicadas는 모두 6종이다. '13년 매미'는 *Magicicada tredecim, Magicicada tredecassini, Magicicada tredecula*의 3종이고, '17년 매미'는 *Magicicada septendecim, Magicicada cassini, Magicicada septendecula*의 3종이다.

주기적으로 발생하는 주기성은 온도, 빛, 소리, 습도, 냄새, 맛 등 종합적인 공감각과 지각능력을 총동원한다. 또한 내재되어 있는 시간 측정 메커니즘의 유전정보가 계절의 변화를 스스로 파악하고 인

---

* 생물의 개체군 밀도가 보통 수준보다 현저히 높은 상태로 좋은 조건에서의 증식 결과이다. 곤충류의 대발생은 일반적으로 불규칙한 간격으로 일어난다.

식하는 프로그램을 작동하여 일정한 주기행동을 발현한다.

　주기매미의 애벌레는 40~60cm 정도의 깊이에서 살아간다. 적외선을 통해 들어오는 지표면의 온도와 투과성 빛의 광파장은 애벌레의 세포, 신경계, 호르몬 등의 생리작용에 영향을 미친다. 광주기성과 시간 주기성 등이 동시 다발적으로 작용하기 때문에 일찍 자란 애벌레라고 해서 먼저 땅 위로 올라오지 않는다. 같은 종은 똑같은 시기에 모두 다 같이 우화하여 대발생하는 메커니즘을 내포하고 있다.

주기매미는 왜 소수 주기로 살아갈까?

주기周期매미는 연약하고 슬픈 운명의 곤충이다. 애벌레가 오랜 땅속 생활에서 감당해야 할 가장 큰 두려움은 천적의 공격이다. 어른벌레 역시 마찬가지다. 이들은 길앞잡이처럼 잘 걷거나 날지 못하고, 몸에도 날카로운 발톱이나 이빨이 없다. 천적이 좋아하는 맛있는 고단백질 먹잇감일 뿐이다.

　주기매미는 다른 생물에 비해 천적의 폭이 다양하다. 먹이생태계에서 먹이사슬은 물론이고 다양한 생물 종의 먹이그물에 걸쳐 있다. 개구리와 뱀과 도마뱀, 각종 새들, 들쥐, 개미와 딱정벌레, 심지어 물고기들까지 시시탐탐 이들을 노린다. 이 같은 처절한 삶의 현장에서 자손을 번식시키며 살아가기란 여간 어려운 일이 아니다.

　이들이 구사하는 생존전략은 단 하나, 한국전쟁 당시 중공군의 인해전술human wave tactics, 人海戰術처럼 선해전술cicada wave tactics, 蟬海戰蟬을 쓰는 것이다. 그것도 소수Prime Number, 素數 해의 주기에 모든 새끼 매미들이 동시에 세상으로 나오는 것이다. 천적들이 실컷 잡아먹는다고 해도 배가 불러 일시에 모든 주기매미를 다 먹을 수는 없다. 다행히 살아남은 매미들이 자손을 번식시켜가는 전략으로 진화해온 것이다.

주기매미는 천적을 피하기 위해 소수 주기가 되도록 진화했다는 학설이 있다. 그중 하나는 소수 주기가 되면 천적과 마주칠 확률이 줄어들기 때문이란 사실을 근거로 든다. 예를 들어 매미의 주기가 6년이고 천적의 주기가 2년이나 3년이라면 매미와 천적은 6년마다 매번 만나게 된다. 하지만 매미 주기가 5년이라면 주기가 2년인 천적과는 10년마다, 주기가 3년인 천적과는 15년마다 한 번씩 만나게 된다. 즉 매미 주기는 6년에서 5년으로 1년만 줄었을 뿐이지만 천적과 만나는 햇수의 간격은 엄청 길어진 셈이다.

또 다른 학설도 있다. 여러 종의 매미들의 출현 주기가 겹치게 되면 먹이 경쟁을 해야 하기 때문이다. 여러 종의 매미가 생존을 위해 동시에 나타나지 않도록 동종끼리 수명 주기를 스스로 조정하는 것이다.

일부 학자는 "13년 매미와 17년 매미의 주기성 습성은 빙하기와 관련이 있다"고 말한다. 추위를 이겨내고 주기성을 지닌 유전자를 갖춘 매미만이 살아남는 유전자 병목현상을 거치면서 주기성이 형성되었다고 주장하는 것이다.

결국 매미도 지구상에 생존하는 다른 종들처럼 수억 년을 살아오면서 주변 환경 변화에 대처하기 위하여 먹이 경쟁과 천적으로부터 소수의 주기로 진화한 것으로 볼 수 있다.

오덕五德을 실천하는 매미

중국 진나라 육운陸雲은 『한선부寒蟬賦』에 매미는 다섯 가지 덕德을 갖춘 곤충이라고 극찬했다. 그 시문을 소개하면 다음과 같다.

頭上有冠帶,是文(두상유관대,시문)
머리에 관대를 했으니 '文'(학문)이 깊고

含氣飮露,是淸(함기음로, 시청)
천지의 기를 품고 이슬을 마시니 '淸'(청아)하며

不食黍稷,是廉(불식서직, 시렴)
곡식을 먹지 않으니 '廉'(청렴)하고

處不巢居, 是儉(처부소거, 시검)
집을 만들지 아니하니 '儉'(검소)하며

應時守節而鳴, 是信(응시수절이명, 시신)
어김없이 시절에 맞추어 울어대니 '信'(신의)가 있다.

– 주해: 한학자 장학연

말매미.
익선관 모양의
모티브가 되었다.

가장 높은 권력을 쥐고 있는 임금에게 오덕을 실천하는 매미와 같은 자세로 국정을 논하고 백성들을 돌보라는 의미로 머리에 익선관翼善冠,翼蟬冠을 씌웠다. 익선관은 조선시대 임금이 평상복을 입고 나랏일을 볼 때 쓰던 관이다. 윗부분에 턱이 있어 앞이 낮고 뒤가 높은 2단형이며 뒤에는 두 개의 뿔처럼 생긴 소각이 날개처럼 달려 하늘을 향해 곧게 서 있다. 소각은 대부분 매미의 겉날개처럼 한 쌍

으로 되어 있지만 매미의 겉날개와 속날개처럼 크기가 다른 소각 두 쌍이 달려 있는 경우도 있다. 이러한 날개 형상을 하고 있기 때문에 날개 익翼 착할 선善 또는 매미 선蟬을 써서 익선관이라는 이름이 붙게 되었다. 매미의 투명한 양 날개를 위로 향하게 형상화하여 날개처럼 투명하게 선정을 베풀라는 의미다. 조정의 신하들도 날개를 양옆으로 향하게 한 관모를 썼다. 매미의 오덕을 마음에 새기고 공직자로서 윤리의식을 몸소 실천하라는 뜻이다.

참매미

(*Oncotympana fuscata*)

1. 분류 : 곤충강 매미목 매미과
2. 크기 : 몸길이 약 30~40mm
3. 분포 : 한국 . 중국. 일본.
4. 생태 : 낮은 산기슭이나 숲, 평지, 인가에서 흔하게 볼 수 있다. 수컷은 배 부위에 발음근과 발음막, 공명실, 울림판 등 발성기관 통해서 소리를 낸다. 울림은 수컷끼리의 영역 다툼과 새와 같은 천적으로부터 자신을 보호하는 지킴이 역할, 암컷을 유인하는 수컷의 사랑 표현이다.

납치 활극의 일인자
쌍꼬리부전나비

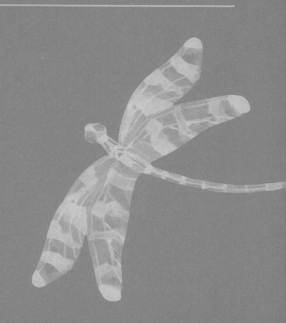

쌍꼬리부전나비, 한지에 먹

개미와 나비

종이테이프 30cm를 잘라내어
한 번 비틀고 양쪽 끝을 붙여
뫼비우스 띠*를 만들었다.
낚싯줄에 매달아 천장에 걸어놓고
개미 몇 마리를 테이프에 올려놓았다.
개미들이 한참을 오락가락 헤매더니
마침내 일렬로 줄을 서서
면을 따라 돌기 시작한다.
한 바퀴, 두 바퀴, 세 바퀴, 네 바퀴
끊임없이 선을 따라 앞만 보고 나아간다.
한 바퀴 돌면 앞면
또 한 바퀴 돌면 뒷면
또다시 앞면, 뒷면, 앞면, 뒷면
초월할 수 없는 면의 개념

머리가 비상한 앤트슈타인이
가던 길을 멈춰 서서 이야기한다.
"야, 개미들아,

---

* 창안자의 이름을 딴 이 띠는 기다란 종이테이프를 한 번 비틀어 양쪽 끝을 맞붙여서
만든 기하학적 도형이다. 개미가 면을 따라가다 보면 앞면이 뒷면으로 바뀌어 안팎 구
분이 안 되는 것이 특징이다. 끊임없이 반복되는 상황을 비유하며 무한대 기호(∞)로 사
용한다.

우리는 면이라는 함정에 빠져 있는 거야

쳇바퀴를 돌고 있지

현 상황을 극복하려면

면의 개념을 이해하면 된다.

이 면은 앞면이 X, 뒷면이 Y

슈타인 방정식 $Y = ŒX^2 + \sqrt[3]{H} + E$ 에

X와 Y를 면으로 치환하여

jk$\mathbb{C}$ £lroe Σpv$\infty$$\delta\theta$mizxc $\mathbb{K}$ 뻥 j $\mathbb{无}$ lg $\mathbb{K}$ ㅂㄷ ☞ $E=mc^2$ 중얼중얼…

이렇게 하면,

왼발에 X면 오른발에 Y면을

한꺼번에 디딜 수 있어

지금 우리 개미들은 2차원*에 있지만

이 차원의 난제를 해결할 수 있을 거야.

그냥 이곳 종이테이프에서 뛰어내리면 되는 거야"

개미들은

도무지 무슨 말인지

못 알아듣겠다는 표정으로

앤트슈타인만 쳐다보고 있다.

그때 한 친구가 한마디 하는데,

"야, 그럼 네가 이 덫을 빠져 나가봐

그냥 종이테이프에서 뛰어내리면 된다며"

"난 못해"

---

* 차원(dimension, 次元)은 작은 점들이 모여 선이 되고 기다란 선들이 합쳐 면을 만드니 각각의 면들이 조합되어 시공간을 이룬다. 개미는 2차원을, 인간은 3차원을 초월하지 못한다. 초월할 수 있다면 신(God, 神)처럼 절대자가 된다. 4차원의 세계는 어제가 오늘이고 오늘이 내일이며 내일이 곧 어제이다. 시간 개념과 시제가 없는 시공간을 뛰어 넘는 세상이다.

"왜 못해, 방금 가능하다고 했잖아?"
.
.
"나는 개미니까…"

꼬리에 꼬리를 물고
끊임없이 이어지는
마쓰무라꼬리치레개미

오늘도
쌍꼬리부전나비를 향한
개미들의 발자국은
무한대로 점선을 이어가고

한 쌍의 뫼비우스 연결고리는
환상 속으로 빨려 들어가는
애증의 공생 쌍곡선

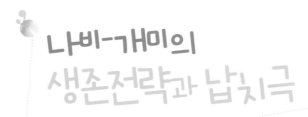

나비-개미의
생존전략과 납치극

쌍꼬리부전나비는 멸종위기 야생생물 II급으로 지정된 귀한 나비이다.
대부분의 나비들은 애벌레의 먹이식물 잎사귀에 알을 낳는다. 하지만 이 나비는
소나무, 벚나무, 신갈나무, 노간주나무 등의 고목나무 가지 사이에 산란한다.
마쓰무라꼬리치레개미가 자주 다니는 길목에서 개미를 유혹하기 위해서다.

쌍꼬리부전나비의 생존전략

쌍꼬리부전나비*Spindasis takanonis koreanus*는 두 날개의 폭이 3cm 내외인
아주 작은 나비이다. 우리나라 나비 중에 유일하게 꼬리^{미 상돌기, 尾狀突}
^起가 2쌍이다. 나비학자 석주명은 다음과 같은 이유로 이 나비의 이
름을 지었다.

　　"뒷날개에 쌍꼬리가 달린 부전나비로는 조선 유일의 존재이니 이 이
　　름만으로도 이 종류를 충분히 선출할 수 있는 형편이다."

　　꼬리는 4~5mm 길이의 실처럼 가늘다. 뒷날개의 2시맥과 3시맥

Mt. Jugeum
Gyeonggi
Jul.5.1993
Korea K. Song

사이의 2시실에 있다. 검은색 꼬리 끝에 흰색이 점처럼 찍혀 있다. 그 부분이 밝아 곤봉처럼 끝이 뭉툭하게 보인다. 마치 나비의 더듬이처럼 위장한 것이다.

쌍꼬리부전나비는 날개를 접고 앉아 있을 때 뒷날개를 비벼대는 습성이 있다. 이것은 나비를 잡아먹으려는 천적을 홀리기 위한 행동이다. 천적이 볼 때에 뒷날개 1~3실 외연부의 주황색 무늬를 머리로 착각하게 한다. 2쌍의 꼬리 역시 머리에 난 더듬이처럼 착각하도록 유도한다.

쌍꼬리부전나비는 날개가 작고 튼튼하지 못해 먼 거리를 자유롭게 날지 못한다. 개망초 같은 꽃에 앉은 경우 외에는 대부분 나뭇잎 주변에서 생활하며 잎사귀 뒷면에 숨어 산다. 관찰하다 보면 가끔씩 뒷날개가 떨어져나간 나비를 볼 수 있다. 천적인 새로부터 공격을 당한 것이다. 새가 날개 뒷부분을 머리로 착각하여 쫀 것이다. 새는 날아다니는 곤충의 머리 부분을 공격하여 일시에 제압하려는 습성이 있기 때문이다. 쌍꼬리부전나비 입장에서는 생명에 지장이 없는 날개만 일부 떨어져나가게 하고, 그 대신 머리와 몸, 가슴을 보호하는 편이 생존에 유리하다고 판단했을 것이다.

마쓰무라꼬리치레개미의 납치극

마쓰무라꼬리치레개미*Crematogaster matsumurai*는 마쓰무라밑들이개미라고도 불리는 것처럼 어원이 '꼬리를 치켜들다, 또는 밑을 들다'의 합성어로 알려져 있다. 가슴과 배 사이에 특이하게 구부러져 있는 배자루마디가 있다. 이 구조 때문에 일반 개미들과 달리 끝이 뾰족한 배를 하늘로 치켜들고 생활한다.

필자는 처음에 이 개미의 이름을 보고 너무 생소하고 어려워 난감했다. 학술적으로도 개미는 꼬리가 없다. 곤충의 가장 큰 특징이 머리, 가슴, 배의 3부분으로 나누어진 것처럼, 꼬리치레보다는 오히려 배치레가 옳다고 본다. 이 개미를 현미경으로 확대해 보면 배 부분이 하트 모양이다. 필자가 감히 이 개미의 이름을 짓는다면 '사랑개미'라고 하고 싶다. 하루빨리 좀 더 부르기 쉽고 아름다운 이름으로 개명되면 좋겠다.

마쓰무라꼬리치레개미는 여왕개미와 일개미의 몸길이가 8mm, 3mm 크기로 비교적 작은 개미에 속한다. 병정개미는 없다. 쌍꼬리

부전나비를 사육하며 살아가는 생태적 공생 관계 때문에 서식처가 쌍꼬리부전나비가 살고 있는 고목나무 주변이다. 쌍꼬리부전나비 애벌레를 개미총으로 데려와 사육한다. 나비 애벌레에게는 안전한 보금자리와 먹이를 주고 개미는 나비 애벌레가 분비하는 기호식품을 얻는다.

쌍꼬리부전나비의 생활사는 순탄치가 않다. 어미인 나비가 알을 낳자마자 마쓰무라꼬리치레개미가 수시로 들락거리면서 더듬으로 점검한다. 갓 낳은 알은 처음에는 흰색이지만 나중에 깨어날 때가 되면 갈색으로 변한다. 알에서 깨어난 애벌레는 개미에 납치되어 개미집으로 옮겨진다. 곤충들의 행동이기 때문에 잡혀가거나 끌려가거나 납치된다는 것이 정확한 표현은 아닐 수 있다.

다른 한편 개미 입장에서는 나비가 유혹해서 데리고 갔을 수도 있다. 나비의 꼬임에 홀딱 빠진 것일 수도 있다. 그렇다면 개미가 엄청난 실수를 한 것이다. 유연관계가 먼 전혀 다른 두 생물종 간의 삶을 위한 생존역학 관계는 실타래처럼 복잡하게 얽혀 있으니까!

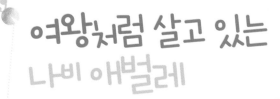

여왕처럼 살고 있는
나비 애벌레

쌍꼬리부전나비와 마쓰무라꼬리치레개미 두 종이 언제부터 공생했는지는 정확히 알 수 없다. 하지만 서로 먹고 먹히는 앙숙관계에서 차츰 친화적이고 우호적인 공존의 형태를 유지하는 쪽으로 진화해온 것은 사실이다.

개미는 왜 나비 애벌레를 정성들여 보살필까?

약 2억 5천만 년 전 고생대 후기 이첩기페름기, Permian에서 중생대 초기 삼첩기트라이아스기, Triassic 사이에 화석 곤충은 사라지고, 현생 곤충이 출현하며 종이 분화되었다. 개미 먹이 섭취의 다양성은 중생대 백악기Cretaceous 후기에서 신생대 초반인 에오세Eocene Epoch까지 약 1억 년 전으로 거슬러 올라간다. 달콤한 꿀 같은 탄수화물을 많이 생성하는 꽃식물의 번성과 함께 초식과 육식, 잡식 등으로 다분화했다고 볼 수 있다. 곤충 종 또한 식물과 함께 상호작용하며 폭발적인 종 분화가 이루어졌다. 이 시기에 마쓰무라꼬리치레개미가 나비의 애벌레를 잡아먹는 과정에서 주로 먹는 꿀처럼 달콤하지는 않지

쌍꼬리부전나비 애벌레(1령)를 보살피고 있는 마쓰무라꼬리치레개미,
2014.7.11. 구리, 이상현

만 약간 다른 단맛 같은 간식이나 기호식품을 발견했을 것이다.

마쓰무라꼬리치레개미는 쌍꼬리부전나비 애벌레 주변을 맴돌며 여왕처럼 돌봐준다. 애벌레는 탈피를 거듭할수록 개미보다 훨씬 커진다. 개미들은 애벌레 몸 위까지 올라가서 보살펴준다. 건강하고 청결한 몸 관리를 위한 보건환경 위생에 관심을 기울인다. 신선한 이유식은 기본, 심지어 자신들의 여왕개미가 낳은 개미 알이나 애벌레까지 먹여 가며 식단에 신경을 쓴다. 또한 주변에 포식자가 접근하지 못하도록 빈틈없는 보초를 선다. 그냥 보면 개미는 사육하고 나비 입장에서는 사육을 당하고 있는 것처럼 보이지만 여왕처럼 대하며 보살펴주고 있다.

개미가 더듬이와 발로 나비의 애벌레를 마사지하듯 안마하면 애벌레는 자극에 반응한다. 애벌레는 제8배마디의 양쪽 털 뭉치 사이의 꿀샘에서 달콤한 액을 내어 개미에게 제공한다. 개미들은 애벌레가 스트레스를 받지 않도록 최상의 컨디션을 유지해준다. 그 보답으로 애벌레는 당분과 아미노산이 풍부한 건강 보조식품을 많이 분비해준다.

나비 애벌레가 분비하는 신비로운 액체의 비밀

달달한 군것질 속에는 개미 뇌의 도파민[*] 분비를 억제하는 신비로운 약물이 들어 있다. 나비의 애벌레는 환각제 같은 이 마약을 개미가 일하는 틈틈이 새참으로 분비해준다. 개미는 이 중독성 생화학 물질의 달콤한 유혹에 빠져 자제력을 상실하고 애벌레 주위를 맴돈다. 더듬이로 톡톡 두드리며 배고픈 갓난아기가 젖을 달라고 보채는 것처럼 안달이다. 술이나 담배 같은 마약성 기호식품을 개미에게 주기적으로 주입함으로써 뇌신경을 조절한다. 애벌레를 해치지 않고 충성으로 돌볼 수 있도록 개미를 조종한다.

애벌레가 분비한 달콤한 액체를 먹인 개미는 먹이지 않은 개미보다 뇌에서 신경물질을 전달하는 도파민이 확연하게 덜 분비된다는 것이 밝혀졌다. 애벌레에서 나오는 신경안정제를 먹은 개미는 애벌레 주변을

도파민

HO—

HO—

—NH₂

---

* 도파민(dopamine, $C_8H_{11}NO_2$)은 카테콜아민 계열의 유기 화합물로 동식물에 존재하는 아미노산, 뇌신경 세포의 흥분을 전달하는 신경전달 물질이다.

떠나지 않고 헌신적인 돌봄이 역할을 한다. 더군다나 애벌레의 천적이 나타나면 애벌레의 경계신호에 바짝 긴장하며 적극적으로 대응한다.

아리송한
공생 쌍곡선

전혀 다른 두 종 모두 서로 도와주고 공동의 이득을 취하는 상리공생처럼 보인다.
하지만 자세히 관찰해보면 한편으로는 나비 애벌레가 개미에게 빌붙어서 살아가고 있음을 알 수 있다.
개미의 뇌를 완벽하게 조종하여 여왕개미처럼 대접받으며 생활하는 것이다.
엄밀한 의미에서 기생성 상리공생을 하는 행동 양상을 보여준다.

사육하면 왜 사육을 당하는가?

마쓰무라꼬리치레개미가 사육하는 것일까, 아니면 쌍꼬리부전나비에게 사육을 당하는 것일까? 그렇지 않다면 오히려 쌍꼬리부전나비가 마쓰무라꼬리치레개미에게 기생하는 걸까, 아니면 더부살이를 하고 있는 걸까? 실로 아리송한 관계이다. 나비 애벌레와 개미 사이의 관계는 공생보다는 나비 애벌레가 기생하는 쪽에 더 가깝다고 볼 수 있다. 애벌레의 생존에는 개미의 보살핌이 필수적이지만 개미에겐 애벌레의 단물이 큰 영향을 끼치지 못한다. 그것 말고도 개미의 먹을거리는 널려 있으니까. 이들의 관계는 마치 인간이 달콤함의 유혹에 빠져 벌을 치거나 가축을 사육하고, 커피나무나 담배, 양귀비* 등을 재배하는 상황과 흡사하다. 인간은 살아가는 데 도움이 되는 건강식품이나 보조식품을 얻기 위해 이들을 기르고 있다고 착각하지만 생물 입장에서는 다르다. 자연 상태에서 대량 번식이 어렵다는 판단 아래 종족 번식을 위해 기꺼이 인간에게 대량으로 사육·재배·생산되는 방향을 선택했기 때문이다. 기호식품이나 환각작용을 일으키는 마약 같은 물질이 결과적으로는 인간을 사육하고 조종하는 것과 다를 바 없다.

사랑하면 안 되나요?

쌍꼬리부전나비와 마쓰무라꼬리치레개미의 관계는 각종 기관이나 단체, 시설에서 어린이들을 돌보거나 보살피고 기르는 개념하고 차원이 다르다. 국립국어원 표준국어대사전을 보면 '탁아소'는 "부모가 나가서 일을 하는 동안 그 어린아이를 맡아서 보살피고 가르치는 사회 시설", '보육원'은 "부모나 보호자가 없는 아이들을 받아들여 기르고 가르치는 곳", '어린이집'은 "6세 미만의 어린이를 돌보고 기르는 시설", '고아원'은 "고아를 거두어 기르는 사회사업 기관", '유치원'은 "학령이 안 된 어린이의 심신 발달을 위한 교육 시설"로 구분하여 설명하고 있음을 알 수 있다. 어느 것 하나 쌍꼬리부전나비와 마쓰무라꼬리치레개미와의 애증의 공생 쌍곡선 관계를 보여주는 설

---

* 아편(opium, 阿片)은 양귀비의 열매껍질을 칼로 그어 나온 액체를 말려 채취하는 마약의 일종이다.

명은 없다.

영어에 "We are in the same boat"라는 표현이 있다. '같은 처지에 처해 있다'는 뜻이다. 한문에도 '鳴越同舟오월동주'가 있다. "사이가 좋지 않은 사람끼리 같은 입장에 놓여 서로 반목하면서도 공통의 어려움이나 이해관계에는 협력한다"는 말이다.

애증의 관계를 적나라하게 보여준 영화가 있다. 조셉 루벤이 메가폰을 잡고 줄리아 로버츠와 패트릭 베긴이 열연한 〈적과의 동침〉이다(1991). 이 영화에 배경 음악으로 나오는 베를리오즈의 〈환상교향곡〉 제5악장 '안식일 밤의 꿈**'에서 들리는 종소리와 금관악기 튜바의 연주는 소름을 돋게 한다. 베를리오즈의 〈환상교향곡〉은 셰익스피어의 〈햄릿〉에서 여주인공인 오필리아 역을 맡은 스미드슨을 짝사랑하는 과정에 작곡한 것이라고 한다. '어느 예술가의 생애'라는 부제가 보여주듯이 베를리오즈는 사랑 때문에 마약을 먹기도 했고, 고뇌에 싸여 이성을 잃은 끝에 자살기도를 하게 된다. 하지만 그는 다행히 잠에서 깨어났고, 꿈에서 본 환상들을 악보에 옮겨 명곡을 탄생시켰다.

** Symphonie fantastique-Fifth movement, Songe d'une nuit du sabbat, Dream of the Night of the Sabbath

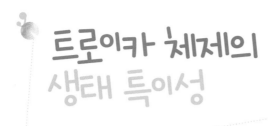

트로이카 체제의
생태 특이성

공생나비들은 식물과 개미와의 상관관계에서 다양한 먹이 스펙트럼을 가지고 살아간다.
나비와 먹이식물과 코드가 맞은 개미의 삶이 트로이카 체제이다. 같은 공간에서 서식해야
자손을 번식할 수 있는 특이성이 있어 작은 환경 변화에도 민감하다.

쌍-마 이외의 공생관계

곤충 중에서 공생관계로 잘 알려진 것은 개미와 진딧물이다. 나비와
개미의 세계에서도 서로 도와가며 살아가는 종들이 있다. 멸종위기
종인 쌍꼬리부전나비 외에도 애증의 공생관계처럼 독특한 생활사를
가진 종들이 있다. 바로 부전나비과의 담흑부전나비, 남방남색부전
나비, 고운점박이푸른부전나비, 큰점박이푸른부전나비, 북방점박이
푸른부전나비 등이다.

 이 나비들은 알이나 1령stadium, 齡* 에서 4령의 애벌레시기에 개미총

---

* 곤충 애벌레의 성장 단계에서 알에서 깨어난 후 한 번 탈피할 때까지의 기간이다.

으로 옮겨져 개미가 정성들여 사육한다. 개미와 공생관계를 유지하는 것은 나비 애벌레 몸에서 만들어낸 달콤한 수액을 개미에게 제공하기 때문이다. 그 대신 개미는 애벌레를 잡아먹는 무당벌레, 거미 같은 천적으로부터 보호해준다.

대부분의 나비들은 애벌레가 초식성으로 먹는 식물만 먹는 기주특이성이 있다. 먹이식물만 충분하면 잘 번식한다. 하지만 개미와 공생하는 부전나비과 Lycaenidae의 애벌레는 육식성이거나, 초식과 육식을 곁들이는 잡식성이다. 나비 종에 따라 서로 코드가 맞춰진 공생 개미 종들이 살아간다. 각각의 애벌레는 달콤하고 중독성 있는 마약 같은 성분을 분비하는 밀선이 잘 발달되어 있다. 밀선에서 나오는 약물조작 물질은 달달하다. 지속적으로 환각작용을 일으켜 개미를 유혹한다.

양쪽 모두 이득을 취하는 더부살이 기생성 상리공생

쌍꼬리부전나비와 담흑부전나비, 남방남색부전나비 등은 기생성 상리공생을 하는 대표적인 나비들이다.

담흑부전나비 Niphanda fusca는 일본왕개미 Camponotus japonicus와 공생하는 잡식성 나비이다. 애벌레가 1령과 2령 시기에는 먹이식물인 너도밤나무과[**]의 굴참나무 어린잎을 먹고산다. 채식과 더불어 진딧물의 배설물이나 탈피한 허물을 먹고 자란다. 3령이 되면 개미에 의해

[**] 도토리가 열리는 나무로 참나무과라고도 한다. 낙엽수로 굴참나무, 상수리나무, 떡갈나무, 신갈나무, 갈참나무, 졸참나무 등이 있으며, 상록수로 종가시나무, 붉가시나무, 참가시나무, 졸가시나무 등이 있다.

납치되어 개미총으로 옮겨져 사육된다. 생활사는 쌍꼬리부전나비와 비슷하며 겨울에는 애벌레로 월동한다.

남방남색부전나비*Arhopala japonica* 애벌레 역시 그물등개미*Pristomyrmex punctatus*와 공생하는 잡식성 나비이다. 먹이식물인 종가시나무에서 어린잎을 갉아먹고 살다가 개미에 의해 사육되어 보살핌을 받는다. 생활사 역시 쌍꼬리부전나비나 담흑부전나비와 비슷하나 겨울에는 성충으로 월동한다. 아열대성 나비로 우리나라에는 제주특별자치도에 국지적으로 서식한다. 국외에는 일본, 타이완, 인도네시아 등 동남아시아에 넓게 분포한다.

한쪽만 이득을 취하는 더부살이 기생성 편리공생

점박이푸른부전나비 속*Maculinea*의 고운점박이푸른부전나비, 북방점박이푸른부전나비, 큰점박이푸른부전나비 등은 기생성 편리공생을 하는 대표적인 나비들이다. 이 나비들은 뿔개미 속 개미에 의해 입양된다. 보통은 나비와 개미가 서로 이득을 취하며 공존한다. 나비는 밀선에서 나오는 분비물을 개미에게 제공하고 천적으로부터 개미의 보호를 받는다. 개미에 비하여 훨씬 큰 나비 애벌레는 여왕 대접을 받으며, 개미 애벌레나 알을 받아먹기 때문에 심하면 개미 군단의 생존을 위협할 수 있다.

고운점박이푸른부전나비*Maculinea teleius*는 먹이식물인 오이풀 꽃에 한 개씩 알을 낳는다. 부화한 애벌레는 오이풀 꽃을 먹고 자란다. 4령 이후 최종령 애벌레가 되면 코토쿠뿔개미*Myrmica kotokui*에 의해 옮겨져 사육된다. 개미는 나비 애벌레의 분비물을 먹고 애벌레에게는 개미 알을 먹이로 제공하며 개미 새끼를 잡아먹게 놔두는 특이한 생태를 보여준다.

북방점박이푸른부전나비*Maculinea kurentzovi* 역시 고운점박이푸른부전나비처럼 코토쿠뿔개미*Myrmica kotokui*와 편리공생을 하며 살아간다. 서식 생태 또한 비슷하다. 안타까운 것은 남한에서는 거의 관찰되지 않은 종이 되어버렸다는 점이다.

큰점박이푸른부전나비*Maculinea arionides*는 먹이식물인 거북꼬리 꽃에 한 개씩 알을 낳는다. 부화한 애벌레는 거북꼬리 꽃을 먹고 자란다. 4령 이후 최종령 애벌레가 되면 빗개미*Myrmica ruginodis*와 편리공생을 한다. 생태는 고운점박이푸른부전나비나 북방점박이푸른부전나비와 유사하다.

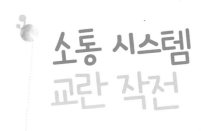

소통 시스템
교란 작전

점박이푸른부전나비 속은 남한에 국지적으로 서식하는데,
차츰 멸종위기에 놓이게 된 불쌍한 종이다.
대부분 기온이 상대적으로 낮은 경기, 강원도의 높은 산이나 북한과 유라시아 지역에 서식한다.
이 나비 애벌레들은 소리로 소통 시스템을 교란하여 개미들을 속이거나 페로몬 복제를 잘한다.

소리로 개미 뇌세포를 조종하는 나비

개미는 주로 냄새나 약물을 이용한 페로몬으로 의사소통을 한다.
하지만 최근에 점박이푸른부전나비 속의 고운점박이푸른부전나비,
북방점박이푸른부전나비, 큰점박이푸른부전나비 등의 나비 애벌레
들이 소리를 통해서도 의사전달을 하고 있다는 것이 밝혀졌다. 이
나비들은 4령이 된 이후 먹이식물에서 내려온다. 앵무새처럼 여왕개
미의 소리를 정확히 흉내 내어 빨리 개미총 속으로 입양하라고 유
인한다. 여왕개미의 소리를 흉내 내어 마치 자신이 여왕개미인 것처
럼 위장하는 것이다. 뿔개미 속의 개미들은 점박이푸른부전나비 속

의 나비 애벌레 소리를 듣고 자신의 여왕개미로 착각하여 개미집으로 모시고 간다. 여왕처럼 떠받들며 성심성의껏 시중을 든다. 나비 애벌레의 소리는 청신경을 따라 이어지는 개미의 뇌세포를 조종한다. 심지어 자신들의 여왕개미가 낳은 알을 물어다 먹이로 바치거나, 새끼들을 잡아먹게 놔두는 기이한 행태를 보인다.

사람아! 사람아!

개미와 나비 애벌레의 관계에서 자기 종족을 제물로 생체공양 하는 기이한 행동은 인간에게서도 자주 벌어지는 일이었다. 고대 마야문명의 영향을 받아 멕시코 인디오들이 13세기에 건국하여 16세기에 멸망한 아스텍제국Empire of Aztec에서 인간을 신에게 제물로 바쳤던 행태와 유사하다.

그들은 신들이 창조한 태양이 없어지고 우주가 멸망하는 것을 막기 위한 전설을 만들어 대대적인 인신공양을 자행했다. 암흑과 싸우는 태양에 피와 심장을 바치기 위해 칼로 사람의 심장을 꺼내는 피의 의식을 치렀다. 제물을 다루는 사제인 제사장은 의식체계가 분열되지 않도록 끊임없이 약물과 주술로 세뇌시켰고, 영적으로 조종하여 아무런 죄의식 없이 생사람을 신의 제단에 바치게 했다. 1년에 수만 명의 심장을 바쳤다니 잘못된 종교의 의식이 얼마나 끔찍한 결과를 초래하는지 보여주는 사례다.

주술 같은 소리로 개미의 뇌세포를 조종하여 여왕개미가 낳은 알을 제공받고, 개미 새끼들을 잡아먹는 점박이푸른부전나비 속의 공생나비들과 별반 다를 것이 없다. 애벌레가 우화하면 아름다운 나비가 되는데 이런 끔찍한 일을 벌인다니, 소름이 절로 돋는다.

탐구적인 사고의 틀

모든 탐구는 탐구과정을 통해야만 올바르게 이루어진다. 탐구과정은 처음에 사물을 관찰하고, 관찰한 사실로 가설을 설정한다. 실험을 함으로써 관찰을 검증하고, 고찰을 통하여 가설설정의 옳고 그름을 판단한다. 옳으면 바로 결론을 내린다. 하지만 그르면 피드백(feed back)으로 다시 되돌아가 가설설정을 수정하여 결론을 내린다. 그 결론을 바탕으로 논문을 쓰고 학술검증을 거쳐 문자화되어 일반에게 공개되면 학문으로 정립된다. 물론 학술 검증이 안 되면 학문으로 정립될 수 없다.

탐구과정 : 관찰→가설설정→실험→고찰→결론→(논문→학술검증→제책→일반화)의 단계
└──── FEED BACK ────┘
(고찰과정에서 가설설정과 오차가 생기면 관찰과정으로 FEED BACK)

이 과정은 일련의 단순한 나열인 것처럼 보이나 탐구를 진행하면서 다양한 사고체계 속에 파생 탐구가 진화하고 있다. 원탐구(P)에서 시작하여 각 단계의 파생탐구(F)가 2개씩만 파생된다고 가정했을 때 F1에서 F10 단계까지 파생된 탐구 수는 1, 2, 4, 8… 수열의 등비수열 합 공식에 대입해보면

$$\frac{AI(첫\ 번째\ 항) = 1}{I-R(공비) = 2} \implies \frac{AI(I-R^n)}{I-2} \implies (n=10이므로)$$

$$\frac{IX(I-1024)}{I-2} = \frac{-1023}{-I} = 1023개가\ 된다$$

1023가지의 파생탐구라면 꽤 복잡한 탐구라고 생각할지 모르지만 이 정도는 2번씩만 파생된 아주 간단한 탐구과정이라고 볼 수 있다. 탐구학습 주제의 난이도이 따라 다르겠지만 학습자가 탐구를 할 때 심지어 수천만 가지의 파생탐구를 통하여 종합탐구가 이루어기도 한다. 때로는 불과 몇 초 만에, 때로는 몇 년을 거쳐 탐구하게 된다.

1915년 아인슈타인이 발표한 '일반상대성이론'에서 가설로만 주장했던 '중력파'의 존재를 2015년 100년이 지난 후에야 과학자들이 발견함으로써 학술검증이 되는 경우도 있다. 이번 중력파는 약 14억 년 전 질량이 태양의 8배와 14배인 두 개의 블랙홀이 서로 충돌 및 합성되는 과정에서 나오는 에너지가 우주 공간에 일으키는 파장이었다. 그 후 14억 년 뒤에 지구까지 도달한 것을 포착한 것이다.

인간의 뇌는 약 150억 개의 세포를 가지고 있다. 아무리 많은 파생 탐구과정을 거치더라도 저장 메모리가 무궁무진하기 때문에 복잡한 탐구과정이라도 스펀지처럼 받아들여 결론을 도출하게 된다.

탐구과정은 자연과학에서 시작되었지만 이 다양한 탐구과정의 반복된 학습을 통하여 매사에 인문사회과학적인 사고방식을 병행하여 아우르게 된다. 사물을 보는 관점이 폭넓게 달라지고, 문제 해결능력이 향상된다. 더불어 생태환경과 윤리도덕 등의 의식체계가 달라져 한 인간의 전인적 인격 형성의 핵심이 된다.

애증의
삼각관계

부전나비과 나비 중에 개미와 공생하지 않고 진딧물과 상관관계에 있는 나비들이 있다.
민무늬귤빛부전나비와 바둑돌부전나비가 대표적이다.
나비와 진딧물과 식물이 한 공간에 서식해야만 살아갈 수 있다는 특이한 생태 때문에 개체 수는 많지 않다.

얽히고설킨 애증의 연결고리

민무늬귤빛부전나비*Shirozua jonasi*는 반육식성 나비로 먹이식물인 참나무과의 갈참나무나 신갈나무 등의 줄기 틈에 알을 한 개씩 낳는다. 깨어난 애벌레는 먹이식물의 어린잎을 먹고산다. 그렇다고 꼭 식물만 먹고살지 않는다. 참나무과에 사는 진딧물도 잡아먹는다. 더불어 진딧물이 내놓는 단물까지 얻어먹고 산다. 참나무과에 빌붙어 사는 더부살이 곤충이다. 곁에서 항상 연하고 신선한 잎인 야채를 공급받는다. 덤으로 진딧물이라는 고기를 곁들여 먹는다. 마치 인간이 고기를 먹을 때 야채와 함께 먹는 것처럼 편식하지 않고 골고루 영양을 섭취한다.

진딧물은 참나무과 잎에서 나오는 신선한 녹즙이 필요하다. 인간처럼 마트에 가서 야채를 사다가 녹즙기에 갈고 마시는 번거로움이 없다. 나뭇잎에 직접 빨대만 꽂으면 싱싱한 진액을 마음껏 흡입할 수 있으니까! 집단으로 모여 모기처럼 체액을 빨아먹는 탓에 식물을 괴롭히는 셈이지만.

민무늬귤빛부전나비는 균형 잡힌 식단을 위하여 참나무와 진딧물 모두를 필요로 한다. 진딧물 또한 먹고살려면 참나무가 절대적으로 필요하다. 그러나 참나무는 아무 이득이나 대가 없이 나비와 진딧물에게 몸을 맡기는 셈이라서 손해만 보는 꼴이다.

참나무 꽃은 바람이 수분을 시켜주는 풍매화다. 다른 꽃식물들처럼 나비나 진딧물이 꽃에서 수분을 시킬 필요도 없다. 하지만 우리 인간에게 더불어 사는 지혜를 준다. 그늘을 제공하고, 산소를 만들어주고, 목재와 땔감을 제공한다. 정말로 아름다운 생물이다. 이처럼 민무늬귤빛부전나비와 참나무와 진딧물은 서로 얽히고설킨 애증의 연결고리 안에서 살아가고 있다.

담양에서 바둑돌부전나비를 보면 운수대통

바둑돌부전나비*Taraka hamada*는 흰색과 검은색으로만 치장한다. 흑백의 조화 속에 탄생한 나비이다. 로마 신화에 나오는 두 얼굴의 야누스를 떠올리게 한다. 몸의 머리, 가슴, 배의 모든 앞면은 검은색, 뒷면은 흰색이다. 흡사 흑백의 셀로판지 두 장을 양면으로 붙여놓은 것 같다. 날개 역시 앞면은 검은색, 뒷면은 흰색이다. 특히 뒷면은 흰색 바탕에 100여 개의 검은색 점이 바둑돌처럼 찍혀 있다. 날개를 팔랑이면 흑백영화를 보는 듯한 착각이 든다. 날개를 펼친 길이가 3cm 이내의 깜찍하고 앙증스러운 꼬마 나비이다.

바둑돌부전나비는 육식성 나비로 일본납작진딧물 *Ceratovacuna japonica*이 모여 있는 댓잎 뒷면에 알을 낳는다. 애벌레 시기에는 진딧물을 잡아먹고 자란다. 그렇다고 진딧물을 모두 잡아먹지는 않는다. 성충인 나비가 되어서도 진딧물의 분비물을 받아먹고 살기 때문이다. '모두 잡아먹지 못한다'는 표현이 더 맞을 것이다. 먹이피라미드에서 대부분의 피식자는 포식자보다 개체 수가 많다.

일본납작진딧물은 조릿대*나 이대** 등의 잎사귀에 기생한다. 집단으로 초록의 댓잎에 하얗게 달라붙어 댓잎의 수액을 빨아먹어 대를 못살게 군다. 더군다나 까맣게 산화된 분비물은 댓잎에 끈끈이로 붙어 있어 광합성을 방해하는 대의 해충이다.

아이러니하게도 바둑돌부전나비는 일본납작진딧물이 없으면 못살고, 일본납작진딧물은 대가 없으면 못살고, 대는 바둑돌부전나비가 있어야 고통을 받지 않는다. 유연관계가 먼 나비, 진딧물, 대의 3종 생물이 애증의 삼각관계 속에 살아가는 것이다. 대와 진딧물과 나비

---

* 볏과의 여러해살이식물로 대(竹)의 일종. 키는 1~2M로 자라며 잎은 긴 타원의 피침형이다. 꽃은 자주색으로 작게 피며 열매는 작고 긴 타원형으로 가을에 익는다. 줄기는 쌀 속의 모래 등 이물질을 제거하는 조리를 만드는 데에 쓴다. 한국, 일본 등지에 분포한다.
** 볏과의 여러해살이식물로 대(竹)의 일종. 키는 2~4M로 자라며 잎은 어긋나고 긴 타원의 피침형이다. 줄기는 속이 비어 있다. 여름에 가지 끝에 꽃이 피고 열매는 가을에 익는다. 줄기는 바구니, 조리 등을 만든다. 한국의 중부이남, 일본 등지에 분포한다.

가 공존해야만 살 수 있다.

바둑돌부전나비는 이와 같은 특이한 생태를 지니고 있기 때문에 개체 수가 많지 않다. 이들은 온난대성 나비로서 현재는 다음 지도에서 볼 수 있듯이 대나무의 북한계선인 따뜻한 중부이남 지역과 강원도와 경북 해안가에 서식한다. 하지만 『한국산 접류분포도』에는 1950년 이전만 해도 전남과 경남의 남해안에서만 서식한 것으로 표기되어 있다. 이것은 기후변화에 의한 지구 온난화의 영향으로 불과 50~60년 만에 바둑돌부전나비의 서식지가 충청도와 경상도, 강원도 해안가 끝자락까지 북상하고 있음을 알게 해주는 자료다.

바둑돌부전나비는 크기가 아주 작은 나비다. 날개를 편 길이가 고작 25mm밖에 안 된다. 활동 반경이 넓지 않고 멀리 높이 날지 않

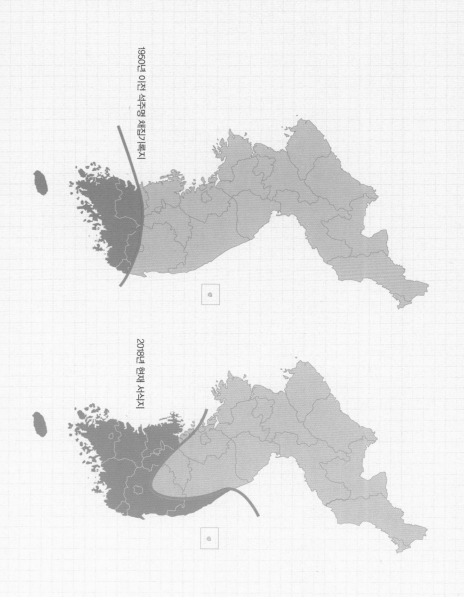

1950년 이전 석주명 채집기록지

2018년 현재 서식지

바둑돌부전나비 서식 분포도
석주명 유저(遺著), 1973, 한국산 접류 분포도, 보진재, P354

기 때문에 대숲 주변에서만 관찰된다. 대숲의 고장이요 필자의 고향인 담양에 가면 이 나비를 발견할 수도 있다. 담양에서 특히 죽녹원 대숲에서 바둑돌부전나비를 만나면 운수대통이다.

쌍꼬리부전나비

(Spindasis takanonis koreanus)

1. 분류 : 곤충강 나비목 부전나비과

2. 크기 : 날개의 폭 약 3cm

3. 분포 : 한국, 중국, 일본, 대만, 동남아시아 등

4. 생태 : 멸종위기야생생물 II급으로 우리나라 나비 중에 유일하게 꼬리가 2쌍이다. 마쓰무라꼬리치레개미가 자주 다니는 길목의 고목 나뭇가지 사이에 산란하여 개미집에서 공생한다.

대숲의 요정
흰줄숲모기

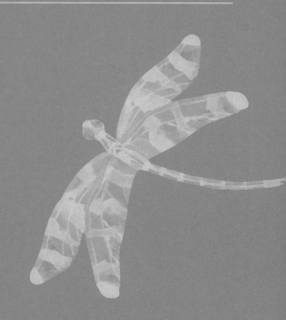

흰줄숲모기, 한지에 먹

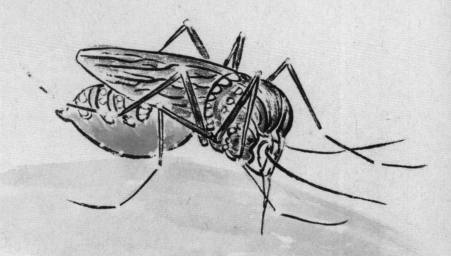

흰줄숲모기

어둠을 뚫고 들려오는
청아한 소프라노 소리에
오늘밤도 망막에 초점을 맞춘다

늘씬한 다리의 각선미
잘록한 S라인 허리
보송보송한 솜털의 목덜미
반짝이는 별박이 눈망울

내 작은 동공 속에 들어와
3차원 홀로그램으로
노래하며 춤을 추는 대숲의 요정

레이저 빔 안테나
초고속 스텔스 날개
사선死線을 넘나들며 기회를 엿본다

누구의 세공 솜씨인가
마이크로미터 흡혈관
따뜻한 피가 온몸에 퍼진다

이제 막 반달만큼 차오르는 아랫배
새 생명을 위한 핑크빛 사랑인가

당당히
모기의 길을 간다

흰줄숲모기(*Aedes albopictus*, Oriental tiger mosquito)는
고생대 데본기(약 3억 5천만 년 전)에 나타난 유시곤충의 일종이 종 분화를 거듭하여 현재에 이른다.
빈대, 이, 벼룩과 같이 사람에게 더부살이로 살아간다. 기후변화에 적응하며
혹독한 환경에 적응하는 방향으로 진화해왔다.

영화에 모티브를 제공하다

마이클 크라이튼의 원작을 스티븐 스필버그 감독이 영화화한 〈쥐라기 공원The lost world - Jurassic Park〉의 공룡 이야기는 모티브가 모기에서 출발한다. 중생대 쥐라기에 화석광물인 호박琥珀* 속에 들어 있던 모기의 배 속에서 뽑아낸 공룡 피의 DNA를 첨단 기술로 복제하여 만들어낸 공룡 이야기이다. 어떻게 보면 황당한 이야기일지 모르지만 머지않아 현실이 될 수도 있다.

---

* 지질시대에 송진처럼 나무에서 나온 진액이 땅속에서 탄소, 수소, 산소 등과 화합하여 굳어서 된 화석광물. 각종 곤충들이 들러붙어 있어 당시의 곤충 생태를 알 수 있다.

쥐라기의 공룡이 돌아다니는 울창한 숲에 서식하는 모기는 그 후 엄청난 진화를 거듭한 현생종과는 많이 다르다. 비록 영화 속의 가상현실이지만 그 영화 속에서 꺼낸 모기는 숲모기속 모기들 중 한 종일 것이다. 필자는 이 숲모기속의 모기에서 피를 뽑아냈어야 이야기가 좀 더 학술적이고 신빙성이 있지 않았을까 하고 생각한다. 하지만 영화 〈쥐라기 공원〉은 어디까지나 가상의 이야기이므로 역시 가상으로 가정해볼 수밖에 없다.

우리나라의 숲모기속 중에서도 숲에서 가장 많이 번성하는 모기가 있다. 낮과 밤을 가리지 않고 활동하며 동물의 피를 흡혈하므로 〈쥐라기 공원〉에 출현해도 손색이 없는 모기인데, 주인공은 바로 곤충강→파리목→모기과→보통모기아과→숲모기속에 해당하는 흰줄숲모기이다.

흰줄숲모기는 몸길이가 4.5mm, 날개의 길이는 3.2mm 정도로 모기과로서는 보통 크기에 해당한다. 곤충 중에서는 초소형으로 겨우 눈에 띄는 아주 작은 곤충이다. 2km까지도 이동하지만 활동 반경은 주로 200m 정도다. 대부분의 모기들이 밤에 활동하는 야행성이지만 흰줄숲모기는 숲과 집 주변에서 살며 낮밤을 가리지 않고 사람과 동물의 피를 노린다.

흰줄숲모기는 자신의 약점을 보완하기 위한 방향으로 적응해왔다. 첫째, 낮과 밤에 나타나 기습공격을 하는 기민성. 둘째, 감각기관의 최적화로 목표물의 정확한 위치 추적. 셋째, 눈에 잘 띄지 않는 위장술과 초미니 소형화. 넷째, 추적을 따돌릴 수 있는 가공할 만한 비행술과 속도. 다섯째, 피부에서 느끼지 못하는 가느다란 마이크로미터 흡혈관과 마취. 여섯째, 환경 변화에 신속한 대처 능력. 이 모두가 수억 년 동안 기후변화에 대응하며 살아남은 결과이다.

인간의 경쟁자로 때로는 인간과의 공존자로서 생태계의 한 자리를 차지하며 진화의 최첨단을 걷고 있는 흰줄숲모기는 갈등과 증오 속에 인간과는 지겹도록 질긴 인연의 끈을 이어오고 있다. 인간의 피를 빨아야 하는 흡혈성 곤충으로 인간과 숙명의 만남을 유지해왔고 앞으로도 그 관계는 계속될 전망이다.

흰줄숲모기는 모든 조건이 잘 갖추어진 환경에서만 살아오지 않았다. 오히려 오랜 세월 살아오면서 보통의 생물은 엄두도 낼 수 없는 기후변화와 서식 환경에 적응하며 진화해온 끈질긴 생명체이다. 어떻게 보면 마치 혹독한 고난의 길을 선택하여 신세계를 즐기고 있는 것처럼 보인다. 여러 번의 빙하기를 거치며 살아남은 흰줄숲모기에겐 현재의 환경적인 여러 가지 문제들마저 별것이 아닌 우스운 일로 보일지도 모른다. 오히려 다른 생물들에 비하여 종족 보존을 위한 절호의 기회로 여기며 새로운 삶을 개척하고 있을 것이다.

모정母情의 세월

흰줄숲모기는 흡혈 후 5일이면 산란한다. 알을 낳을 무렵이면 짝짓기 때 미리 저장해놓은 정자낭에서 필요한 만큼 정액을 분비하여 수정을 시킨다. 정액이 분비되어 수정이 되면 산란을 한다. 알은 한 번에 보통 100여 개를 낳는다. 산란이 끝나면 또다시 흡혈하여

2~3회 더 알을 낳는다. 알은 10일 정도면 깨어난다.

애벌레인 장구벌레는 수중생활을 하는 수서곤충이다. 입 주위의 칫솔 같은 털을 움직여 물살이 일면 물속의 유기물과 미생물을 여과하여 먹는다. 호흡은 배마디 끝에 호흡기관으로 하는 공기호흡을 주로 하는데 아가미가 있어 물속호흡도 함께한다. 가끔씩 수면 위로 올라와 배 끝을 수면 위의 공기 중으로 내밀어 숨을 쉬는 모습도 관찰할 수 있다.

장구벌레는 5일 정도 지나면 번데기가 된다. 번데기 또한 일반 곤충들과 달리 특이하게 물속생활을 하도록 적응해왔다. 배 끝에 오리발이나 가재의 꼬리채처럼 생긴 납작한 헤엄채*가 있다. 이 채로 가재나 옆새우처럼 앞뒤로 흔들며 물속에서도 헤엄을 친다. 곤충들의 번데기는 대부분 움직임이 거의 없거나 미약하다. 하지만 흰줄숲모기의 번데기는 물속에서 자주 헤엄을 치며 이동한다.

흰줄숲모기의 유충이나 번데기가 사는 물은 대부분 정수성 웅덩이다. 정지된 물은 부분적으로 오염이 될 수밖에 없다. 여러 마리가 헤엄을 치면 번데기 주변의 물은 움직여 포말을 일으키고 주변은 산소가 공급되어 오염이 덜해진다. 또한 흰줄숲모기 번데기 입장에서도 자주 몸을 움직여줌으로써 몸에 신진대사가 활성화되어 빠른 성장과 우화를 촉진할 수 있다. 물속의 번데기마저도 생존을 위한 환경적응에 최적화된 곤충이다. 번데기는 3일이면 우화하여 마침

---

* 물속에서 헤엄을 잘 칠 수 있도록 부채처럼 생긴 한 쌍의 투명한 부속기. 필자의 신조어

내 성충이 된다. 이 어른벌레가 우리를 두려움에 떨게 하는 흰줄숲모기다.

새벽 세 시 무렵은 별빛이 더욱더 아름답게 반짝이는 시각이다. 또한 사람들이 가장 곤히 잠든 때이기도 하다. 하지만 모기들에겐 이즈음이 출근 시간이다. 그래야만 태어날 자식을 위해 흡혈이라는 임무를 수행하여 목숨을 부지할 수 있다.

우리는 가끔 모기 때문에 잠을 설친다. 불을 켜고 주위를 둘러보면 잔뜩 피를 빨아먹고 몸이 너무 무거워 날아갈 힘도 없이 벽에 붙어 있는 모기를 볼 때가 있다. 반달만큼 부풀어 오른 모기의 아랫배를 보면 만삭이 된 어머니의 배가 생각난다. 피부가 모기 배처럼 쩍쩍 갈라져 실핏줄이 훤히 보였을 것이다. 그저 "모기도 자기 자식은 예쁠 것이다"라고 생각하는 수밖에 없다.

흰줄숲모기 암컷은 평생에 한 번 짝짓기를 한다. 짝짓기가 끝나면 필수적으로 고단백 영양소인 사람의 피를 빨아먹어야 건강한 자식을 낳을 수 있다. 사람의 피 속에는 동물성 단백질이 풍부하다. 이 양분을 섭취해야 배 속의 난자가 빠르고 충실하게 자란다. 자신을 위해서 피를 빠는 것이 아니라 오로지 태어날 자식만을 위해서 흡혈을 하는 태생적 본능이다. 자손 번식을 위하여 흡혈을 할 수밖에 없는 모정母情이 강한 곤충이다. 자식 사랑 때문에 인간의 피를 훔친 자손 번식형 도둑질의 독특한 생태를 보여준 흰줄숲모기의 모정에 미워도 박수를 보낼 수밖에 없는 이유다. 흰줄숲모기에게 물리면 젖동냥한 모기에게 병아리 눈물만큼도 안 되는 피를 적선했다고 치면 조금은 위안이 되지 않을까?

성충인 흰줄숲모기는 평균 한 달 정도 살고 생을 마감한다. 비록 짧은 일생이지만 육지와 물속, 공중에서 평범한 삶을 거부하고 혹독한 시련 앞에 당당히 모기의 길을 걸어가고 있다.

은밀한 마이크로미터
흡혈 모드의 실체

흰줄숲모기는 후각이 발달되어 10~20m 거리에서도 사람의 몸에서 나는
땀 같은 냄새와 호흡으로 나오는 이산화탄소, 체온 등을 잘 맡는다.
일단 목표물이 사정거리 안에 접어들면 주변의 공기 흐름을 통해 생물체의 동태를 파악한다.
노출된 피부로 은밀하게 접근하여 마이크로미터의 채혈 모드로 돌입한다.

어떻게 피부를 뚫고 들어갈까?

흰줄숲모기의 암컷은 주둥이가 침처럼 기다랗게 생겼다. 곁에서 보기엔 단순히 침을 피부에 찔러 피를 빠는 것 같다. 하지만 주둥이는 우리가 상상할 수 없을 정도로 정교하게 분업화된 도구들로 구성되어 있다. 현미경으로 자세히 관찰해보면 총 일곱 개로 나누어져 있지만 눈으로 보면 마치 한 개처럼 보일 뿐이다.

육안으로 겨우 보이는 주둥이는 아랫입술로 그 속에 흡혈을 위한 여섯 개의 침을 감싸고 있다. 이 여섯 개의 침들은 아래턱 한 쌍, 위

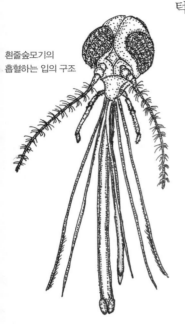

흰줄숲모기의
흡혈하는 입의 구조

턱 한 쌍, 윗입술 한 개, 하인두 한 개로 구성되어 있다.* 두 쌍의 아래턱과 위턱은 바늘처럼 생겼으나 윗입술과 하인두는 주사기처럼 침 속에 가느다란 구멍이 뚫려 있다. 여기서 말하는 흰줄숲모기의 턱과 입술은 흡혈을 위하여 수억 년의 세월을 거치며 특화된 구조로 적응·진화한 것이다. 일반적인 곤충의 턱과 입술과는 생김새와 구조뿐만 아니라 기능적으로도 전혀 다르다.

혈관을 찾는 과정을 보자. 먼저 아랫입술 끝의 순판에 있는 감각 수용기로 피를 감지하여 외부에서 대강의 혈관을 찾는다. 외부에서 찌를 곳을 정하면 아랫입술은 피부에 들어가지 않고 팽팽하게 구부러져 밖에 남는다. 아랫입술은 흡혈을 할 때 머리가 흔들리지 않도록 고정대 역할을 한다. 마치 당구장에서 큐대를 세워 당구를 위에서 내려찍을 때 엄지 외의 나머지 손가락으로 큐대를 흔들리지 않도록 지지하는 것과 같은 역할을 한다. 머리가 흔들리면 주둥이가 흔들리고 주둥이가 흔들리면 자칫 피부가 떨려 사람의 손에 죽을 수가 있다. 또한 피를 빨고 난 후 주둥이를 뽑을 때 긴장 속에 용수철처럼 튕겨주어 순식간에 뽑고 도망갈

---

* 아랫입술-하순 labium 下脣, 아래턱-대악 하악 mandible 大顎, 위턱-소악 상악 maxilla 小顎, 윗입술-상순 labrum 上脣, 하인두-hypopharynx 下咽頭

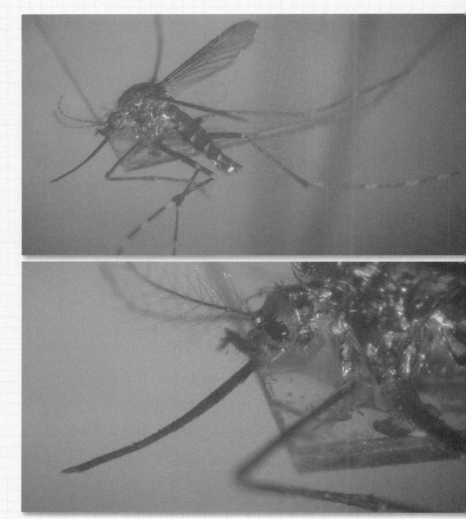

흰줄숲모기의 흡혈관, 실체현미경 ×10배, ×30배,
2011.8.28. 담양 죽녹원

수 있도록 한다.

여섯 개의 침 중에 한 쌍의 날카로운 침처럼 생긴 아래턱이 먼저 피부를 찌른다. 이어서 다른 한 쌍인 위턱이 끝에 붙어 있는 톱날의 빠른 왕복운동으로 피부를 위아래로 썰면서 뚫고 들어간다. 톱날은 수십 개의 톱니가 한쪽 날에 작살처럼 한쪽 방향으로 질서 있게 나 있다. 이 두 쌍의 아래턱과 위턱이 서로 번갈아가며 찌르고 썰면서 모세혈관에 도착한다. 마지막으로 윗입술의 가느다란 관이 피를 빨아들인다.

이때 틈틈이 타액선(침샘)과 연결된 하인두에서 타액(침)을 내놓는다. 흰줄숲모기의 타액은 피의 응고를 막고 통증을 느끼지 못하도록 마취 역할을 한다. 만약 타액을 내는 하인두를 잘라버리면 흰줄숲모기에 물려도 가렵지는 않겠지만 그 대신 마취약이 주입되지 않아 엄청 따가울 것이다. 이 타액이야말로 사람과 더불어 안전하게 더부살이를 할 수 있는 최고의 기능성 물질이다. 하지만 인간의 입장에서 보면 기분 좋은 일은 아니다. 안타깝게도 불청객으로 들어와 피부에 알레르기 반응을 일으켜 가려움증을 유발하니까. 게다가 긁으면 염증을 일으켜 부어오르는 부작용도 일으킨다.

흡혈관에는 추적 장치가 있다

흰줄숲모기는 흡혈관을 직선으로 모세혈관에 바로 꽂는 것이 아니다. 흡혈관이 주사바늘처럼 딱딱할 것 같지만 전혀 딱딱하지 않다. 고무줄같이 부드럽고 유연하다. 개미핥기 혀처럼 들락날락하며 끝이 상하좌우로 자유롭게 움직인다. 마치 내시경이 사람의 피부 속을 훤히 들여다보듯 돌아다니며 정확히 실핏줄을 찾는다.

피부의 아무 곳이나 찌른다고 피가 쏟아 나오는 것이 아니다. 병원에서 피검사를 할 때 간호사가 팔뚝에서 혈관을 찾는 것처럼 흰줄숲모기도 핏줄에 흡혈관을 정확하게 꽂아야 한다. 사람이 피를 도둑맞고 있다는 것을 느끼지 못하게끔 신속하게 처리해야 한다. 그렇지 않으면 피도 먹지 못하고 바로 사망에 이른다. 그러나 다행스럽게도 이런 불상사는 거의 일어나지 않는다. 흰줄숲모기에겐 혈관을 찾는 기발한 장치가 있기 때문이다. 이것이 바로 흡혈관 끝에 마련해둔 혈관 추적 장치다.

일반적으로 모기들이 미각인 맛으로 혈관을 찾는 것으로 알고 있지만 사실은 후각으로 피 냄새를 맡아 혈관을 찾는다. 거머리 머리처럼 부드럽고 유연한 흡혈관의 끄트머리로 피부 속을 썰고 찢으면서 좌우를 헤집고 다니며 실핏줄을 찾아 헤맨다. 마침내 혈관을 찾으면 빨대를 꽂아 흡혈한다. 흡혈은 모기 머릿속에서 펌프 기능을 함으로써 원활하게 이루어진다. 모세혈관 안에 있는 피는 주사기처럼 생긴 윗입술을 통해 모기의 몸 안으로 빠르게 빨려 들어간다. 프랑스 파스퇴르 연구소에서 찍은 영상을 보면 빠는 힘이 얼마나 센지 혈관에 있는 피가 급속도로 빨려 나가는 것을 알 수 있다. 심지어 피가 빠져나가 미처 혈관을 못 채우면 혈관이 수축되어 쪼그라드는 것을 볼 수 있다.

흰줄숲모기는 자기 몸무게의 세 배 정도인 약 3mg의 피를 흡혈한다. 피로 배를 가득 채우면 재빨리 빨대를 뽑고 도망갈 채비를 한다. 사람의 몸에 앉아 피부에 침을 꽂고 혈관을 찾아 양껏 흡혈한 후 도망가는 일련의 과정이 눈 깜짝할 사이에 일사불란하게 이루어진다. 늑장을 부렸다간 생명이 위태로울 수가 있다.

휴대전화로 큐알코드를 스캔하면 프랑스 파스퇴르 연구소에서 찍은 신비한 동영상을 볼 수 있어요!

〈Mosquito finds blood vessel〉
https://www.youtube.com/watch?v=MbXSPacvuak

에어쇼의
진면목을 보여주는 날개

흰줄숲모기는 곤충 중에서도 아주 작은 미소곤충에 속한다. 조그만 곤충의 슈퍼 소닉(super sonic) 소프라노 소리는 약 500Hz 정도이다. 즉 초당 500번의 진동수, 곧 파장이므로 흰줄숲모기는 1초에 500번 정도의 날갯짓을 한다고 추정할 수 있다. 이 날개가 모기의 진수를 보여준다.

왜 호버링의 명수인가?

날개 운동에너지의 전달 체계에서는 뉴런neuron의 역할이 크다. 즉 중추신경계의 영향을 받아 전기 화학적 신경 충격의 발생과 전도를 담당한다. 가슴과 배의 아래쪽에 있는 복측 신경색을 거쳐 운동에너지로 전환시키는 기작을 통하여 등 쪽과 배 쪽에 있는 종주근縱走筋에 전달하여 가공할 만한 빠른 날갯짓과 초음파를 발산하는 것이다. 날개 근육은 강하여 쉽게 지치지 않는다.

날개의 에너지원은 주로 적은 양의 연소로 칼로리가 많이 발생되는 저장지방을 사용한다. 더구나 흰줄숲모기는 체구가 작기 때문에 소비되는 에너지양도 극히 적다. 인간으로서는 도저히 상상할 수 없는 속도로 파닥거리는 날개의 에너지다. 거기서 뿜어져 나오는 비행 속도는 초당 1m 정도지만 작은 체구가 내는 속도이기 때문에 엄청 빠르게 날고 있는 셈이다.

흰줄숲모기의 생존에 가장 중요한 것이 비행 능력이다. 흰줄숲모기는 에어쇼의 진면목 보여준다. 드론에서 초보자가 가장 힘들어 하는 기술이 호버링 hovering, 공중정지·정지 비행이다. 흰줄숲모기는 파리목 모기과에 속한다. 파리와 가까운 친척이다. 생물 중에 정지비행을 가장 잘하는 곤충이 파리목이다. 날개가 있는 곤충들은 모두 두 쌍의 날개로 날아다닌다. 하지만 파리목은 한 쌍의 앞날개로만 돌아다닌다.

나머지 뒷날개의 한 쌍은 평형곤 平衡棍이라는 독특한 형태와 구조로 변형되어 있다. 이 평형곤은 뒷날개 위치에 달려 있는 리듬체조

흰줄숲모기의 평형곤, 실체현미경 ×50배, 2011.8.28. 담양 죽녹원

의 한 종목에서 사용하는 곤봉처럼 생겼다. 날아다닐 때는 뒷날개가 변형되기 때문에 나는 것처럼 날갯짓을 한다. 날개와 반대 방향으로 움직이며 날갯짓의 횟수도 똑같다. 놀이동산에서 자이로스코프나 시계추 같은 역할을 하는 평형기관이다. 거센 바람을 타고 날 때나 급격한 방향전환을 할 때 몸의 균형을 잡으며 비행하는 쪽으로 적응·진화해왔다.

흰줄숲모기도 역시 날개가 한 쌍이다. 날아가다 갑자기 정지비행을 하거나 방향을 '획획' 자유자재로 바꿀 수 있는 현란한 곡예비행은 평형곤이 있기에 가능한데, 이들은 기본 바탕이 잘 갖추어져 있어 호버링을 자유자재로 구사하는 정지비행의 명수이다. 두 쌍의 날개로는 빠르게 날 수는 있어도 정지비행엔 한계가 있다.

이보다 더 중요한 것이 안전한 착륙이다. 비행기 사고의 대부분이 이착륙에서 일어나듯 흰줄숲모기에게도 가장 중요한 것이 착지이다. 사람이 느끼지 못하도록 피부에 사뿐히 내려앉아야 한다. '쿵'하고 거칠게 착지한다면 그건 곧 죽음을 의미할 것이다. 인간의 손도 순간 속도가 대단하여 모기에게는 저승사자 격이니 말이다. 하지만 모기는 여간해서 이런 랜딩landing 실수를 하지 않는다.

곡예비행은 생사의 갈림길에서

흰줄숲모기가 착륙보다 더 신경 써야 할 것이 이륙이다. 비행기들이 에어쇼에서 보여주는 비행술은 흰줄숲모기에 비하면 새 발의 피다. 흰줄숲모기는 착륙할 때와 달리 엄청난 양의 피를 몸에 탑재한 상태에서 이륙해야 한다. 그것도 인간이 알아채지 못하도록 깃털처럼 가볍게 날아올라야 한다. 따라서 모기에겐 이때가 일생일대의 가장 중요한 생사의 기로인 셈이다.

먼저 흡혈관을 조심히 신속하게 빼낸다. 다음으로 높이 뛰어오르기 위해 다리를 굽힌다. 마지막으로 날개를 기동시켜야 하는데 바람을 최소화하고 순간 이동을 위한 임전태세를 갖춘다. 이런 일련의 과정이 찰나에 일어날 수 있도록 일촉즉발의 긴장상태를 유지해야 한다. 한마디로 치고 빠지는 시간차 공격을 십분 발휘해야 하는 것이다.

이때쯤 되면 인간은 흰줄숲모기에게 피를 도난당했다는 것을 알아챌 것이다. 흰줄숲모기는 이륙 후 여러 가지 비행술을 도입하여 삼십육계의 줄행랑 전법을 가동한다. 머리를 최대한 치켜들고 날아가는 코브라나 몽구스 기동, 360˚ 회전의 쿨비트 기동, 무거워진 몸체를 제멋대로 놔두는 무중력 기동 등 여러 가지 기동 능력을 보여준다. 때로는 사람의 손바닥을 피하여 후진도 해야 하고 직진과 사선으로, 지그재그로 도망을 친다. 이런 모든 곡예비행이 가능한 녀석이 흰줄숲모기다. 인간과는 피로 시작해서 피를 보는 처절한 싸움이지만 모기 입장에서는 건강한 자식을 낳기 위한 진한 사랑의 다툼이다.

하지만 흰줄숲모기의 비행 능력에도 치명적인 약점이 하나 있다. 그것은 항속 거리가 짧다는 것이다. 더구나 많은 양의 피를 몸에 지니고 멀리 날아간다는 것이 쉬운 일이 아니다. 모기에 물려 살갗이

가려울 때쯤에 주변을 찾아보면 어김없이 배가 빵빵하게 부풀어 오른 흰줄숲모기가 멀리 도망가지 못하고 가까이에 있는 것을 볼 수 있다.

태초에 모든 생명체는 공평한 진화의 기회를 제공받았다. 하지만 진화의 과정은 각각의 생물이 처해 있는 환경에 적응하기 나름이다. 상황에 맞춰 내재되어 있는 유전자가 어떻게 변형되느냐에 달려 있다. 가끔 질 좋은 DNA를 가지고 있는 엄친아가 나타나 부러울 때가 있을 것이다. 그것은 일부분의 재능일 뿐이다. 그들 나름대로는 엄친아 DNA 때문에 치명적인 약점이 되어 괴로울 때가 있다. 보통 사람과 부대끼며 더불어 살아가는 모습이 부러울 것이다. 조물주는 결코 한 생명체에게 모든 것을 다 주지 않는다. 이후 벌어질 흰줄숲모기와의 숨바꼭질에 대해서는 독자의 상상에 맡기겠다.

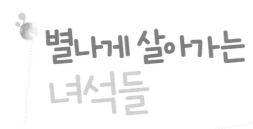

별나게 살아가는 녀석들

모기는 극지방에서부터 적도에 이르기까지 지구 전체에 살고 있다.
환경 변화에 따라 기민한 서식생태 적응을 통해 종족보존을 잘 해왔다. 흰줄숲모기는
대숲의 꼬마웅덩이에서, 토고숲모기는 바닷가 갯바위의 바위웅덩이에서
혹독한 자연환경에 순응하면서 자손 번식을 위한 고도의 적응과 진화를 해왔다.

대숲에는 왜 모기가 많을까?

실험실에서는 대조군 실험을 자주 한다. 흰줄숲모기를 모기장에 넣
고 모기장을 씌운 상태에서 샬레* 두 곳에 물을 담아두면 흰줄숲모
기가 샬레에 알을 낳는다. 물의 표면과 샬레의 벽면이 접한 부분에
산란한다. 채란된 상태에서 한쪽 샬레A는 계속 물을 담아두고 다른
한쪽 샬레B는 물을 말렸다가 다시 물을 붓고 관찰한다. 어느 쪽이
먼저 깨어날까?

---

* 유리로 만든 실험용 배양접시(schale, petri dish)

대부분 사람들은 계속 물을 담아 둔 샬레A의 알들이 빨리 깨어날 거라고 생각할 것이다. 하지만 물을 말렸다가 다시 물을 부어준 샬레B 속의 알들이 샬레A 속의 알들보다 한층 더 빨리 깨어난다. 알은 세포 분열하여 2세포기→4세포기→8세포기→…상실배→포배→낭배→… 등을 단계적으로 거치는 시간적 여유가 있어야 한다. 하지만 알을 말렸다가 다시 물을 주면 설령 산란시기가 달라도 모든 알들이 대기stand-by 상태로 있다가 일제히 빨리 깨어난 것을 알 수 있다.

　필자의 고향인 담양의 대숲에는 모기가 많다. 특히 한여름 장마철에는 모기가 극성을 부린다. 밤뿐만 아니라 대낮에도 나타나 사람을 괴롭힌다. 작은빨간집모기 등 집 주변에 나타나는 모기들은 주로 야행성이다. 모기 소리에 놀라 잡으려고 움직이면 잽싸게 도망가는 성질이 있다. 하지만 대숲에 사는 모기는 도망가기는커녕 오히려 사람을 따라다니며 흡혈을 한다. 이 모기가 바로 흰줄숲모기이다. 대숲에 사는 모기의 대부분을 차지한다.

　수컷은 보통 흡혈을 하지 않고 수액이나 꿀 또는 물을 빨아먹고 살지만 암컷은 대부분이 흡혈을 한다. 흰줄숲모기가 대숲에 많은 이유가 있다. 대*는 속이 비어 있고 마디로 이루어져 있다. 대를 베고 나면 그루터기가 컵처럼 물을 담을 수 있게 되어 있다. 비가 오면

---

* 벼과(화본과) 식물로 형성층(부름켜)이 없어 부피생장을 못하니 풀(초본)이고, 단단하게 목질화되어 있고 여러 해를 살기 때문에 나무(목본)이기도 하다. Local name 즉, 한국명은 '대'이지만 일반적으로 대나무로 많이 알려져 있다.

그루터기에 물이 괴여 꼬마웅덩이[**]가 된다.

　이 꼬마웅덩이에 흰줄숲모기가 알을 낳는다. 물속에 낳는 것이 아니라 수면과 맞닿은 그루터기 대통 안쪽 면에 낳는다. 이후 비가 그치면 그루터기에 물이 마르고 알은 바짝 마른 혹독하게 건조된 상태에도 죽지 않고 견뎌내는 질긴 생명력을 가지고 있다. 꿋꿋하게 다음 비가 올 날을 기다린다. 며칠 후 비가 내려 알이 축축해지면 금방 알이 깨어난다. 대숲은 모기의 실험실을 확장한 자연이라는 거대한 자연 환경생태 서식처이다. 실험실에서 하는 대조군 실험처럼 산란 시기가 각기 달라도 모든 알들이 일시에 깨어난다.

[**] 비가 오면 잠시 물이 고여 있다가 가뭄이 들면 바짝 말라버리는 컵 같은 작은 웅덩이. 필자의 신조어

애벌레인 장구벌레 역시 급속도로 빨리 우화한 후 성충이 된다. 대숲의 꼬마웅덩이인 그루터기는 흰줄숲모기의 자손 번식을 위한 육아방이다. 애벌레인 장구벌레의 요람이며 미니 풀장이다. 이런 특이한 대숲의 서식생태는 흰줄숲모기가 장마와 가뭄, 우기와 건기의 혹독한 자연 상태에서 수억 년 동안 자손 번식을 위한 고도의 적응과 진화를 해온 것이라고 볼 수 있다.

짠물에서 살아가는 짠한 모기

대표적인 서식환경의 악조건으로 잠시 생겨났다가 말라버리는 일시적인 웅덩이를 들 수 있다. 모기들은 이 작은 웅덩이 속에서 불과 몇 시간 안에 알을 낳고 자손을 번식하는 특이한 생태를 보여준다. 암컷 모기들에겐 비를 동반하는 기상조건을 탐지하는 능력이 뛰어나다. 덕분에 먼 곳에서도 알들이 안전하게 깨어나 자랄 수 있는 장소를 탐지할 수 있다. 하지만 건조지역에서는 웅덩이를 애벌레들의 임시 서식처로 이용할 수밖에 없다.

건조지역에서 짧은 기간의 서식지인 작은 웅덩이에 적응한 모기들은 다음과 같은 특이한 생태를 가진다.[*] 첫째, 다른 종과의 경쟁이 낮기 때문에 알→애벌레→번데기→성충까지의 과정이 신속하게 진행된다. 둘째, 빨리 성숙하므로 짧은 발달 과정을 거쳐 성충의 출현 가능성이 높다. 셋째, 변태를 촉진하여 번데기 속에서 완전히 탈수

---

[*] 이상몽 외 옮김, 2011, 『곤충학』, 월드사이언스, p.249.

된 산송장 상태^{cryptobiosis}**로 버틴다. 바짝 마른 극한온도의 건조된 웅덩이에서 비를 기다린다. 훗날 비가 와서 웅덩이가 물로 채워지면 발생은 빠르게 진행되어 성충이 된다.

건조된 작은 웅덩이에서의 삶보다 더 열악한 조건에서 적응·진화한 모기가 있다. 우리나라의 해안지방에서 사는 토고숲모기*Aedes togoi*이다. 성충이 4.5~5.0mm 정도로 흰줄숲모기보다 조금 더 큰 모기이다. 봄부터 가을에 걸쳐 발생하지만 특히 여름에 극성을 부린다. 바닷가의 조간대에 파도가 치면 움푹 파인 갯바위에 바닷물이 고인다. 이 바위웅덩이*rock pool****에 비가 오면 민물과 섞여 바닷물이 희석된다.

토고숲모기는 민물에도 산란하지만 대부분 염도가 높은 꼬마웅덩이에 산란한다. 토고숲모기가 살고 있는 우리나라의 해안가 바위웅덩이의 염분 농도는 0~7% 정도로 웅덩이의 위치에 따라 다양하다. 애벌레들은 0.5% 이하의 낮은 염도의 바위웅덩이에서 절반 정도 살며 나머지 반은 0.5~7.0%의 높은 염도의 바위웅덩이에서 살고 있다.**** 바닷물의 평균 염분 농도는 3.5%(35‰퍼밀)이므로 바닷물보다 두 배나 짠 물에서도 거뜬히 살아가고 있다. 참고로 사람 혈액의 염

** 저온이나 고온, 건조의 극한 상황에서 알이나 번데기 상태로 살아 있지만 신진대사가 일정기간 중단된 휴면이나 잠복상태. 환경적 조건이 좋아지면 생체대사가 정상적으로 되돌아온다.
*** 파도가 쳐서 움푹 파인 갯바위에 바닷물이 고인 꼬마웅덩이
**** 이종수, 홍한기, 1995, 기생충학 잡지, 제33권 제1호, P21(속초와 여수 지역의 rock pool의 연평균 염도는 2.15%와 0.82%를 나타냈으며 채집된 유충은 0.5%이하의 저 염도에서 각각 45.7%와 51.7%가 채집되었으며 7.0% 이내의 높은 염도에서도 토고숲모기 유충이 채집되었다.)

분 농도는 0.85~0.9%이다.

바닷물은 짜기만 한 것이 아니라 다양한 염이 섞여 있어 엄청 쓰다. 그래도 적당한 염분 농도로 계속 유지만 해줘도 다행이다. 자연은 자연의 순리대로 자연스럽게 돌아가고 있다. 이 자연을 거스를 수 없다는 것이 자연의 진리이다. 생물들은 이 자연의 법칙을 따르고 순응acclimation* 해야 자연과 더불어 살아갈 수 있다. 가뭄이 들면 햇빛에 의해 수분이 증발하고 염분 농도가 높아진다. 애벌레인 장구벌레는 김장철 배추처럼 짠물에 절여질 판이다. 더군다나 한여름에는 태양열에 의해 바위의 온도가 60~70℃까지 올라가고, 한겨울엔 차가운 바닷바람까지 가세해 추위가 -30℃까지 내려간다. 모기에게는 혹독한 극기 훈련장이 아닐 수 없다.

바짝 마른 바위웅덩이 속의 토고숲모기 알은 비가 오면 바로 부화하여 속성으로 자란다. 애벌레는 빠른 성장과정과 변태를 무기 삼아 이글거리는 태양열과 정면 승부를 펼친다. 번데기는 휴면 상태로 혹독한 더위와 추위를 이겨낸다. 높은 염분 농도 또한 체내에 들어오는 염분의 흡수를 줄이고 말피기관을 통하여 염분 농도를 높여 배출하는 방법으로 극복하고 있다.

필자가 군대에서 야간 해안방어를 할 때 가장 두려운 것이 귀신도 간첩도 아닌 바로 모기였다. 모포를 세 장이나 뚫고 피를 빼는 모기라고 해서 해병대 모기라고 불렀다. 곤충학을 전공하고 보니 바

---

* 생물체에 온도, 습도 등을 조금씩 지속적으로 올리거나 내리는 외부 조건의 변화에 따라 점진적으로 적용하는 것

로 토고숲모기였다. 물론 토고숲모기가 모포 세 장을 뚫지는 못한다. 군대 이야기는 입담이 좋은 호사가들의 과장된 이야기들이 대부분이니까. 그러나 처절한 악조건 속에서도 혹독하게 단련된 특수부대 곤충이 바로 모기인 것만은 틀림없다.

토고숲모기는 고온과 저온을 롤러코스트처럼 오르내리는 악조건의 환경 속에서도 자연에 순응해왔다. 작년에도 올해도 잘 견뎠듯이 내년에도 건강하게 살아갈 것이다. 수억 년을 바닷물과 상호작용하며 생리적인 적응과 진화를 해온 해변의 곤충 해병대이니까!

흰줄숲모기

(Aedes albopictus)

1. 분류 : 곤충강 파리목 모기과
2. 크기 : 몸길이 4.5mm 내외
3. 분포 : 한국, 일본, 중국, 동남아시아
4. 생태 : 검은색 몸에 흰줄이 있어 눈에 잘 띄지 않는다. 우리나라 숲에 널리 분포하며 특히 대숲의 그루터기에 산란하는 특이한 생태 때문에 대숲에 많이 서식한다. 성충은 봄부터 가을까지 출현한다. 주·야행성으로 낮에도 피를 빤다.

돈키호테 곤충학자가
사랑한 곤충들

우리나라 곤충의 각 목Order.目별 분류는 학자에 따라 조금씩 다르지만 보통 30여 목目으로 분류한다. 이 책에서 필자가 다룬 곤충은 7가지 목目의 대표 종으로, 이들을 각각 진화론적 입장을 바탕으로 재미있는 생태 이야기를 펼치는 데 집중했다.

먼저 딱정벌레목의 육상곤충으로 가장 화려한 색상을 자랑하며 위장과 의태의 변장술사로 길을 안내하는 반려곤충 '길앞잡이'를 만났다. 다음으로 같은 딱정벌레목 중에 수서곤충으로 물속 환경을 지키며 살아온 숨쉬기 운동의 달인 '꼬마물방개', 잠자리목 중에 사랑의 고리를 만들며 몸소 성 평등을 실천하며 아름다운 사랑을 하는 '검은물잠자리', 사마귀목의 살기를 영혼의 배틀 댄스로 승화시키는 '왕사마귀', 나비목의 나비처럼 왔다가 나비처럼 떠나는 시립도록 정갈한 할머니 같은 '모시나비', 매미목의 주기적 생체 사이클의 경이로움과 울림으로 사랑을 표현하는 '참매미', 벌목의 '마쓰무라꼬리치레개미'와 나비목의 '쌍꼬리부전나비'의 애증의 공생관계, 파리목 중에 대숲에서 오로지 자식만을 위한 모정의 세월 속에 당당히 모기의 길을 가는 '흰줄숲모기' 등이다.

2018년 기후 변화의 영향으로 새해부터 혹독한 추위와 한여름 밤 잠을 설치게 하는 폭염에 시달리며 새벽 3시경에 일어나 8종의 곤충들과 동고동락하며 함께 블랙홀을 지나왔다. 한 번 떠나면 돌아올 수 없는 인고의 곤충여행이니 그저 내가 선택한 무모한 짓이려니 자책도 해봤지만 세월이 해결해주었다. 특히 다른 책에서 볼 수 없는 독특하고도 재미있는 구성과 편집을 위하여 수십 번의 통화와 메일, 만남을 가졌던 선우미정 주간님에게 고마움을 전한다. 김정호 디자이너, 푸른들녘 대표 및 관계자에게 심심한 사의를 표한다. 이 책에 그림과 사진, 캐리커처 등으로 도와준 아내와 딸, 아들이 있어 고맙다.

이 책에 간택된 곤충들은 아무 죄가 없다. 그저 한 무모한 돈키호테 곤충학자 '벌레시인'이라는 엉뚱한 놈에게 선택되어 무지막지하게 강제로 속내를 드러내고 난도질 당했다. 평생 곤충을 연구한다는 허울 좋은 명목 아래 곤충을 채집하고 표본을 했던 살생의 죄 면할 길 없다. 그러나, 비록 꼬막껍질 한 개도 채우지 못하는 곤충에 대한 얄팍한 지식이지만, 반년 동안 곤충과 씨름하며 보내왔던 날들 속에 탄생된 이 책이 곤충에 대한 사랑의 메시지 전달자 역할을 하리라 생각된다. 내 집의 한쪽 방을 차지하고 있는 수많은 표본 곤충 영혼들에게 이 책을 바친다.

출간과 함께 책에 등장한 곤충들 표본과 곤충 시, 생태 그림, 곤충 설치예술, 곤충 화석, 실체현미경 확대 사진 등을 활용하여 도서관, 전시관, 박물관, 미술관 전국 순회 전시를 기획하고 있다. 더불어 아직도 이 책에서 만나지 못한 메뚜기목, 벌목, 하루살이목, 노린재목, 벼룩목 등 20여 목 이상이 나를 기다리고 있다. 두 번째 책에서는 나머지 목들의 대표 곤충 종들을 또 한 번 진화 생태적인 견해에서 식문화와 애완, 위생, 반려곤충 등의 이야기들을 독창성 있는 구성과 편제로 보다 더 재미있게 풀어나갈 생각이다.

푸른들녘 인문·교양 시리즈

인문·교양의 다양한 주제들을 폭넓고 섬세하게 바라보는 〈푸른들녘 인문·교양〉 시리즈. 일상에서 만나는 다양한 주제들을 통해 사람의 이야기를 들여다본다. '앎이 녹아든 삶'을 지향하는 이 시리즈는 주변의 구체적인 사물과 현상에서 출발하여 문화·정치·경제·철학·사회·과학·예술·역사 등 다방면의 영역으로 생각을 확대할 수 있도록 구성되었다. 독특하고 풍미 넘치는 인문·교양의 향연으로 여러분을 초대한다.

2014 한국출판문화산업진흥원 청소년 권장도서 | 2014 대한출판문화협회 청소년 교양도서

001 옷장에서 나온 인문학

이민정 지음 | 240쪽

옷장 속에는 우리가 미처 눈치 채지 못한 인문학과 사회학
적 지식이 가득 들어 있다. 옷은 세계 곳곳에서 벌어지는
사건과 사람의 이야기를 담은 이 세상의 축소판이다. 패스
트패션, 명품, 부르카, 모피 등등 다양한 옷을 통해 인문학
을 만나자.

2014 한국출판문화산업진흥원 청소년 권장도서 | 2015 세종우수도서

002 집에 들어온 인문학

서윤영 지음 | 248쪽

집은 사회의 흐름을 은밀하게 주도하는 보이지 않는 손이
다. 단독주택과 아파트, 원룸과 고시원까지, 겉으로 드러나
지 않는 집의 속사정을 꼼꼼히 들여다보면 어느덧 우리 옆
에 와 있는 인문학의 세계에 성큼 들어서게 될 것이다.

2014 한국출판문화산업진흥원 청소년 권장도서

003 책상을 떠난 철학

이현영 · 장기혁 · 신아연 지음 | 256쪽

철학은 거창한 게 아니다. 책을 통해서만 즐길 수 있는 박제
된 사상도 아니다. 언제 어디서나 부딪힐 수 있는 다양한 고
민에 질문을 던지고, 이에 대한 답을 스스로 찾아가는 과정
이 바로 철학이다. 이 책은 그 여정에 함께할 믿음직한 나침
반이다.

2015 세종우수도서

004 우리말 밭다리걸기

나윤정 · 김주동 지음 | 240쪽

우리말을 정확하게 사용하는 사람은 얼마나 될까? 이 책은 일상에서 실수하기 쉬운 잘못들을 꼭 집어내어 바른 쓰임과 연결해주고, 까다로운 어법과 맞춤법을 깨알 같은 재미로 분석해주는 대한민국 사람을 위한 교양 필독서다.

2014 한국출판문화산업진흥원 청소년 권장도서

005 내 친구 톨스토이

박홍규 지음 | 344쪽

톨스토이는 누구보다 삐딱한 반항아였고, 솔직하고 인간적이며 자유로웠던 사람이다. 자유·자연·자치의 삶을 온몸으로 추구했던 거인이다. 시대의 오류와 통념에 정면으로 맞선 반항아 톨스토이의 진짜 삶과 문학을 만나보자.

006 걸리버를 따라서, 스위프트를 찾아서

박홍규 지음 | 348쪽

인간과 문명 비판의 정수를 느끼고 싶다면《걸리버 여행기》를 벗하라! 그러나《걸리버 여행기》를 제대로 이해하고 싶다면 이 책을 읽어라! 18세기에 쓰인《걸리버 여행기》가 21세기 오늘을 살아가는 우리에게 어떻게 적용되는지 따라가 보자.

007 까칠한 정치, 우직한 법을 만나다

승지홍 지음 | 440쪽

법과 정치에 관련된 여러 내용들이 어떤 식으로 연결망을
이루는지, 일상과 어떻게 관계를 맺고 있는지 알려주는 교
양서! 정치 기사와 뉴스가 쉽게 이해되고, 법정 드라마 감
상이 만만해지는 인문 교양 지식의 종합선물세트!

008/009 청년을 위한 세계사 강의1,2

모지현 지음 | 각 권 450쪽 내외

역사는 인류가 지금까지 움직여온 법칙을 보여주고 흘러갈
방향을 예측하게 해주는 지혜의 보고(寶庫)다. 인류 문명의
시원 서아시아에서 시작하여 분쟁 지역 현대 서아시아로
돌아오는 신개념 한 바퀴 세계사를 읽는다.

010 망치를 든 철학자 니체
vs. 불꽃을 품은 철학자 포이어바흐

강대석 지음 | 184쪽

유물론의 아버지 포이어바흐와 실존주의 선구자 니체가 한
판 붙는다면? 박제된 세상을 겨냥한 철학자들의 돌직구와
섹시한 그들의 뇌구조 커밍아웃! 무릉도원의 실제 무대인
중국 장가계에서 펼쳐지는 까칠하고 직설적인 철학 공개토
론에 참석해보자!

011 맨 처음 성性 인문학

박홍규 · 최재목 · 김경천 지음 | 328쪽

대학에서 인문학을 가르치는 교수와 현장에서 청소년 성
문제를 다루었던 변호사가 한마음으로 집필한 책. 동서양
사상사와 법률 이야기를 바탕으로 누구나 알지만 아무도
몰랐던 성 이야기를 흥미롭게 풀어낸 독보적인 책이다.

012 가거라 용감하게, 아들아!

박홍규 지음 | 384쪽

지식인의 초상 루쉰의 삶과 문학을 깊이 파보는 책. 문학 교
과서에 소개된 루쉰, 중국사에 등장하는 루쉰의 모습은 반
쪽에 불과하다. 지식인 루쉰의 삶과 작품을 온전히 이해하
고 싶다면 이 책을 먼저 읽어라!!

013 태초에 행동이 있었다

박홍규 지음 | 400쪽

인생아 내가 간다, 길을 비켜라! 각자의 운명은 스스로 개
척하는 것! 근대 소설의 효시, 머뭇거리는 청춘에게 거울이
되어줄 유쾌한 고전, 흔들리는 사회에 명쾌한 방향을 제시
해줄 지혜로운 키잡이 세르반테스의 『돈키호테』를 함께 읽
는다!

014 세상과 통하는 철학

이현영 · 장기혁 · 신아연 지음 | 256쪽

요즘 우리나라를 '헬 조선'이라 일컫고 청년들을 'N포 세대'라 부르는데, 어떻게 살아야 되는 걸까? 과학 기술이 발달하면 우리는 정말 더 행복한 삶을 살 수 있을까? 가장 실용적인 학문인 철학에 다가서는 즐거운 여정에 참여해보자.

015 명언 철학사

강대석 지음 | 400쪽

21세기를 살아갈 청년들이 반드시 읽어야 할 교양 철학사. 철학 고수가 엄선한 사상가 62명의 명언을 통해 서양 철학사의 흐름과 논점, 쟁점을 한눈에 꿰뚫어본다. 철학 및 인문학 초보자들에게 흥미롭고 유용한 인문학 나침반이 될 것이다.

016 청와대는 건물 이름이 아니다

정승원 지음 | 272쪽

재미와 쓸모를 동시에 잡은 기호학 입문서. 언어로 대표되는 기호는 직접적인 의미 외에 비유적이고 간접적인 의미를 내포한다. 따라서 기호가 사용되는 현상의 숨은 뜻과 상징성, 진의를 이해하려면 일상적으로 통용되는 기호의 참뜻을 알아야 한다.

017 내가 사랑한 수학자들

박형주 지음 | 208쪽

20세기에 활약했던 다양한 개성을 지닌 수학자들을 통해 '인간의 얼굴을 한 수학'을 그린 책. 그들이 수학을 기반으로 어떻게 과학기술을 발전시켰는지, 인류사의 흐름을 어떻게 긍정적으로 변화시켰는지 보여주는 교양 필독서다.

018 루소와 볼테르; 인류의 진보적 혁명을 논하다

강대석 지음 | 232쪽

볼테르와 루소의 논쟁을 토대로 "무엇이 인류의 행복을 증진할까?", "인간의 불평등은 어디서 기원하는가?", "참된 신앙이란 무엇인가?", "교육의 본질은 무엇인가?", "역사를 연구하는 데 철학이 꼭 필요한가?" 등의 문제에 대한 답을 찾는다.

019 제우스는 죽었다; 그리스로마 신화 파격적으로 읽기

박홍규 지음 | 416쪽

그리스 신화에 등장하는 시기와 질투, 폭력과 독재, 파괴와 침략, 지배와 피지배 구조, 이방의 존재들을 괴물로 치부하여 처단하는 행태에 의문을 품고 출발, 종래의 무분별한 수용을 비판하면서 신화에 담긴 3중 차별 구조를 들춰보는 새로운 시도.

020 **존재의 제자리 찾기; 청춘을 위한 현상학 강의**

박영규 지음 | 200쪽

현상학은 세상의 존재에 대해 섬세히 들여다보는 학문이다. 어려운 용어로 가득한 것 같지만 실은 어떤 삶의 태도를 갖추고 어떻게 사유해야 할지 알려주는 학문이다. 이 책을 통해 존재에 다가서고 세상을 이해하는 길을 찾아보자.

021 **코르셋과 고래뼈**

이민정 지음 | 312쪽

한 시대를 특징 짓는 패션 아이템과 그에 얽힌 다양한 이야기를 풀어낸다. 생태와 인간, 사회 시스템의 변화, 신체 특정 부위의 노출, 미의 기준, 여성의 지위에 대한 인식, 인종 혹은 계급의 문제 등을 복식 아이템과 연결하여 흥미롭게 다뤘다.

022 **불편한 인권**

박홍규 지음 | 456쪽

저자가 성장 과정에서 겪었던 인권탄압 경험을 바탕으로 인류의 인권이 증진되어온 과정을 시대별로 살핀다. 대한민국의 헌법을 세세하게 들여다보며, 우리가 과연 제대로 된 인권을 보장받고 살아가고 있는지 탐구한다.

023 **노트의 품격**

이재영 지음 | 272쪽

'역사가 기억하는 위대함, 한 인간이 성취하는 비범함'이란 결국 '개인과 사회에 대한 깊은 성찰'에서 비롯된다는 것, 그리고 그 바탕에는 지속적이며 내밀한 아날로그 글쓰기 있었다는 사실을 보여주는 책이다.